多 语 种 工 程 机 械 型 号 名 谱

意汉工程机械型号名谱

中国工程机械学会　编

瞿姗姗　张文豪　译

上海科学技术出版社

编 委 会

序

土石方工程、流动起重装卸工程、人货升降输送工程和各种建筑工程综合机械化施工以及同上述相关的工业生产过程的机械化作业所需的机械设备统称为工程机械。工程机械应用范围极广，大致涉及如下领域：① 交通运输基础设施；② 能源领域工程；③ 原材料领域工程；④ 农林基础设施；⑤ 水利工程；⑥ 城市工程；⑦ 环境保护工程；⑧ 国防工程。

工程机械行业的发展历程大致可分为以下6个阶段。

第一阶段（1949年前）：工程机械最早应用于抗日战争时期滇缅公路建设。

第二阶段（1949—1960年）：我国实施第一个和第二个五年计划，156项工程建设需要大量工程机械，国内筹建了一批以维修为主、生产为辅的中小型工程机械企业，没有建立专业化的工程机械制造厂，没有统一的管理与规划，高等学校也未设立真正意义上的工程机械专业或学科，相关科研机构也没有建立。各主管部委虽然设立了一些管理机构，但这些机构分散且规模很小。此期间全行业的职工人数仅2万余人，生产企业仅二十余家，总产值2.8亿元人民币。

第三阶段（1961—1978年）：国务院和中央军委决定在第一机械工业部成立工程机械工业局（五局），并于1961年4月24日正式成立，由此对工程机械行业的发展进行统一规划，形成了独立的制造体系。此外，高等学校设立了工程机械专业以培养相应人才，并成立了独立的研究所以制定全行业的标准化和技术情报交流体系。在此期间，全行业职工人数达34万余人，全国工程机械专业厂和兼并厂达380多家，固定资产35亿元人民币，工业总产值18.8亿元人民币，毛利润4.6亿元人民币。

第四阶段（1979—1998年）：这一时期工程机械管理机构经过几次大的变动，主要生产厂下放至各省、市、地区管理，改革开放的实行也促进了民营企业的发展。在此期间，全行业固定资产总额210亿元人民币，净值140亿元人民币，有1 000多家厂商，销售总额350亿元人民币。

第五阶段(1999—2012年)：此阶段工程机械行业发展很快，成绩显著。全国有1 400多家厂商、主机厂710家，11家企业入选世界工程机械50强，30多家企业在A股和H股上市，销售总额已超过美国、德国、日本，位居世界第一，2012年总产值近5 000亿元人民币。

第六阶段(2012年至今)：在此期间国家进行了经济结构调整，工程机械行业的发展速度也有所变化，总体稳中有进。在经历了一段不景气的时期之后，随着我国“一带一路”倡议的实施和国内城乡建设的需要，将会迎来新的发展时期，完成由工程机械制造大国向工程机械制造强国的转变。

随着经济发展的需要，我国的工程机械行业逐渐发展壮大，由原来的以进口为主转向出口为主。1999年至2010年期间，工程机械的进口额从15.5亿美元增长到84亿美元，而出口的变化更大，从6.89亿美元增长到103.4亿美元，2015年达到近200亿美元。我国的工程机械已经出口到世界200多个国家和地区。

我国工程机械的品种越来越多，根据中国工程机械工业协会标准，我国工程机械已经形成20个大类、130多个组、近600个型号、上千个产品，在这些产品中还不包括港口机械以及部分矿山机械。为了适应工程机械的出口需要和国内外行业的技术交流，我们将上述产品名称翻译成8种语言，包括阿拉伯语、德语、法语、日语、西班牙语、意大利语、英语和俄语，并分别提供中文对照，以方便大家在使用中进行参考。翻译如有不准确、不正确之处，恳请读者批评指正。

编委会

2020年1月

目　录

1 macchina da scavo 挖掘机械

Gruppo/组	Tipo/型	Prodotto/产品
escavatore intermittente 间歇式挖掘机	escavatore meccanico 机械式挖掘机	escavatore meccanico cingolato 履带式机械挖掘机
		escavatore meccanico gommato 轮胎式机械挖掘机
		escavatore meccanico galleggiante 固定式(船用)机械挖掘机
		escavatore da miniera 矿用电铲
	escavatore idraulico 液压式挖掘机	escavatore idraulico cingolato 履带式液压挖掘机
		escavatore idraulico gommato 轮胎式液压挖掘机
		escavatore idraulico anfibio 水陆两用式液压挖掘机
		escavatore idraulico per terreni paludosi 湿地液压挖掘机
		escavatore idraulico ad appoggi articolati 步履式液压挖掘机
		escavatore idraulico galleggianter 固定式(船用)液压挖掘机
	caricatore-escavatore 挖掘装载机	terna a spostamento laterale 侧移式挖掘装载机
		terna a montaggio centrale 中置式挖掘装载机
escavatore continuo 连续式挖掘机	escavatore a ruota di tazze 斗轮挖掘机	escavatore cingolato a ruota di tazze 履带式斗轮挖掘机
		escavatore gommato a ruota di tazze 轮胎式斗轮挖掘机
		escavatore a ruota di tazze ad appoggi articolati 特殊行走装置斗轮挖掘机
	escavatore con unità di taglio trasversale 滚切式挖掘机	escavatore con unità di taglio trasversale 滚切式挖掘机

(续表)

Gruppo/组	Tipo/型	Prodotto/产品
escavatore continuo 连续式挖掘机	escavatore con unità di taglio rotante 铣切式挖掘机	escavatore con unità di taglio rotante 铣切式挖掘机
	scavafossi a tazze multiple 多斗挖沟机	scavafossi a tazze multiple a piena sezione 成型断面挖沟机
		scavafossi a ruota di tazze 轮斗挖沟机
		scavafossi a catena di tazze 链斗挖沟机
	escavatore a catena di tazze 链斗挖沟机	escavatore cingolato a catena di tazze 履带式链斗挖沟机
		escavatore gommato a catena di tazze 轮胎式链斗挖沟机
		escavatore a catena di tazze su rotaie 轨道式链斗挖沟机
altre macchine da scavo 其他挖掘机械		

2 macchina per movimento terra 铲土运输机械

Gruppo/组	Tipo/型	Prodotto/产品
caricatore 装载机	caricatore cingolato 履带式装载机	caricatore cingolato meccanico 机械装载机
		caricatore cingolato meccanico-idraulico 液力机械装载机
		caricatore cingolato idraulico 全液压装载机
	caricatore gommato 轮胎式装载机	caricatore gommato meccanico 机械装载机
		caricatore gommato meccanico-idraulico 液力机械装载机
		caricatore gommato idraulico 全液压装载机

(续表)

Gruppo/组	Tipo/型	Prodotto/产品
caricatore 装载机	caricatore a slittamento 滑移转向式装载机	caricatorc a slittamento 滑移转向装载机
	caricatore di uso speciale 特殊用途装载机	caricatore cingolato per terreni paludosir 履带湿地式装载机
		caricatore a scarico laterale 侧卸装载机
		caricatore da miniera sotterranea 井下装载机
		caricatore portatronchi 木材装载机
scraper 铲运机	scraper semovente 自行铲运机	scraper gommato semovente 自行轮胎式铲运机
		scraper gommato a due motori 轮胎式双发动机铲运机
		scraper cingolato semovente 自行履带式铲运机
	scraper trainato 拖式铲运机	scraper meccanico 机械铲运机
		scraper idraulico 液压铲运机
apripista/bulldozer 推土机	bulldozer cingolat 履带式推土机	bulldozer cingolato meccanico 机械推土机
		bulldozer cingolato meccanico-idraulico 液力机械推土机
		bulldozer cingolato idraulico 全液压推土机
		bulldozer cingolato per terreni paludosi 履带式湿地推土机
	bullodozer gommato 轮胎式推土机	bulldozer gommato meccanico-idraulico 液力机械推土机
		bulldozer gommato idraulico 全液压推土机

（续表）

Gruppo/组	Tipo/型	Prodotto/产品
apripista/ bulldozer 推土机	bulldozer per lavori sulle piattaforme petrolifere 通井机	bulldozer per lavori sulle piattaforme petrolifere 通井机
	bulldozer per lavori portuali 推耙机	bulldozer per lavori portuali 推耙机
caricatore a forche 叉装机	caricatore a forche 叉装机	caricatore a forche 叉装机
livellatore 平地机	livellatore semovente 自行式平地机	livellatore meccanico 机械式平地机
		livellatore meccanico-idraulico 液力机械平地机
		livellatore idraulico 全液压平地机
	livellatore trainato 拖式平地机	livellatore trainato 拖式平地机
autocarro ribaltabile/ dumper fuoristrada 非公路自卸车	dumper a telaio rigido 刚性自卸车	dumper a telaio rigido a trasmissione meccanica 机械传动自卸车
		dumper a telaio rigido a trasmissione idromeccanica 液力机械传动自卸车
		dumper a telaio rigido a trasmissione idrostatica 静液压传动自卸车
		dumper a telaio rigido a trasmissione elettrrica 电动自卸车
autocarro ribaltabile/ dumper fuoristrada 非公路自卸车	dumper articolato 铰接式自卸车	dumper articolato a trasmissione meccanica 机械传动自卸车
		dumper articolato a trasmissione idromeccanica 液力机械传动自卸车
		dumper articolato a trasmissione idrostatica 静液压传动自卸车

(续表)

Gruppo/组	Tipo/型	Prodotto/产品
autocarro ribaltabile/ dumper fuoristrada 非公路自卸车	dumper articolato 铰接式自卸车	dumper articolato a trasmissione elettrica 电动自卸车
	dumper a telaio rigido per lavori sotterranei 地下刚性自卸车	dumper a telaio rigido per lavori sotterranei a trasmissione idromeccanica 液力机械传动自卸车
	dumper articolato per lavori sotterranei 地下铰接式自卸车	dumper articolato per lavori sotterranei a trasmissione idromeccanica 液力机械传动自卸车
		dumper articolato per lavori sotterranei a trasmissione idrostatica 静液压传动自卸车
		dumper articolato per lavori sotterranei a trasmissione elettrica 电动自卸车
	autocarro ribaltabile con cassone girevole 回转式自卸车	autocarro ribaltabile con cassone girevole 静液压传动自卸车
	autocarro ribaltabile di scarico a gravità 重力翻斗车	autocarro ribaltabile di scarico a gravità 重力翻斗车
macchine per la preparazione delle operazioni 作业准备机械	decespugliatore 除荆机	decespugliatore 除荆机
	estirpatore 除根机	estirpatore 除根机
altre macchine per movimento terra 其他铲土运输机械		

3 macchina di sollevamento 起重机械

Gruppo/组	Tipo/型	Prodotto/产品
gru mobile 流动式起重机	gru gommata 轮胎式起重机	autogrù gommata 汽车起重机
		gru per tutti i terreni 全地面起重机

(续表)

Gruppo/组	Tipo/型	Prodotto/产品
gru mobile 流动式起重机	gru gommata 轮胎式起重机	gru gommata 轮胎式起重机
		gru gommata per tutti i terreni 越野轮胎起重机
		autogrù 随车起重机
	gru cingolata 履带式起重机	gru cingolata con braccio a reticolo 桁架臂履带起重机
		gru cingolata con braccio telescopico 伸缩臂履带起重机
	gru mobile per uso specifico 专用流动式起重机	carrello frontale per container 正面吊运起重机
		carrello laterale per container 侧面吊运起重机
		posatubi cingolato 履带式吊管机
	carro attrezzi 清障车	carro attrezzi 清障车
		autosoccorso 清障抢救车
macchina di sollevamento da cantiere 建筑起重机械	gru a torre 塔式起重机	gru a torre su rotaie a rotazione alta 轨道上回转塔式起重机
		gru a torre su rotaie automontante a rotazione alta 轨道上回转自升塔式起重机
		gru a torre su rotaie a rotazione bassa 轨道下回转塔式起重机
		gru a torre su rotaie a montaggio rapido 轨道快装式塔式起重机
		gru a torre su rotaie con braccio mobile 轨道动臂式塔式起重机
		gru a torre su rotaie flat top 轨道平头式塔式起重机
		gru a torre fissa a rotazione alta 固定上回转塔式起重机

(续表)

Gruppo/组	Tipo/型	Prodotto/产品
macchina di sollevamento da cantiere 建筑起重机械	gru a torre 塔式起重机	gru a torre fissa automontante a rotazione alta 固定上回转自升塔式起重机
		gru a torre fissa a rotazione bassa 固定下回转塔式起重机
		gru a torre fissa a montaggio rapido 固定快装式塔式起重机
macchina di sollevamento da cantiere 建筑起重机械	gru a torre 塔式起重机	gru a torre fissa con braccio mobile 固定动臂式塔式起重机
		gru a torre fissa flat top 固定平头式塔式起重机
		gru a torre fissa automontante 固定内爬升式塔式起重机
	carrello elevatore da cantiere 施工升降机	carrello elevatore a pignone e cremagliera 齿轮齿条式施工升降机
		carrello elevatore guidato da funi 钢丝绳式施工升降机
		carrello elevatore combinato 混合式施工升降机
	verricello da cantiere 建筑卷扬机	verricello a tamburo singolo 单筒卷扬机
		verricello a doppio tamburo 双筒式卷扬机
		verricello a tre tamburi 三筒式卷扬机
altre macchine di sollevamento 其他起重机械		

4 carrello industriale 工业车辆

Gruppo/组	Tipo/型	Prodotto/产品
carrello industriale motorizzato (combustione interna, batteria, combinato) 机动工业车辆(内燃、蓄电池、双动力)	carrello a piattaforma fissa 固定平台搬运车	carrello a piattaforma fissa 固定平台搬运车
	trattore e rimorchio 牵引车和推顶车	trattore 牵引车
		rimorchio 推顶车

（续表）

<table>
<tr><th>Gruppo/组</th><th>Tipo/型</th><th>Prodotto/产品</th></tr>
<tr><td rowspan="17">carrello industriale motorizzato (combustione interna, batteria, combinato)
机动工业车辆(内燃、蓄电池、双动力)</td><td rowspan="12">carrello a sollevamento alto per impilamento stacking (high lift) vehicle
堆垛用(高起升)车辆</td><td>carrello elevatore contrappesato
平衡重式叉车</td></tr>
<tr><td>carrello elevatore ad avanzamento
前移式叉车</td></tr>
<tr><td>carrello elevatore a forche
插腿式叉车</td></tr>
<tr><td>stoccatore a forche
托盘堆垛车</td></tr>
<tr><td>stoccatore a pianale
平台堆垛车</td></tr>
<tr><td>transpallet
操作台可升降车辆</td></tr>
<tr><td>carrello laterale(lato unico)
侧面式叉车(单侧)</td></tr>
<tr><td>carrello elevatore per tutti i terreni
越野叉车</td></tr>
<tr><td>stoccatore a forche laterale(lati entrambi)
侧面堆垛式叉车(两侧)</td></tr>
<tr><td>stoccatore trilaterale
三向堆垛式叉车</td></tr>
<tr><td>gru di impilaggio a cavaliere a sollevamento alto
堆垛用高起升跨车</td></tr>
<tr><td>stacker contrappesato per container
平衡重式集装箱堆高机</td></tr>
<tr><td rowspan="3">veicolo a sollevamento basso per uso non impilatore
非堆垛用(低起升)车辆</td><td>carrello elevatore per merci in piatti
托盘搬运车</td></tr>
<tr><td>carrello a pianale
平台搬运车</td></tr>
<tr><td>gru a cavaliere a sollevamento basso per uso non impilatore
非堆垛用低起升跨车</td></tr>
<tr><td rowspan="2">carrello elevatore telescopico
伸缩臂式叉车</td><td>carrello elevatore telescopico
伸缩臂式叉车</td></tr>
<tr><td>carrello elevatore telescopico per tutti i terreni
越野伸缩臂式叉车</td></tr>
</table>

（续表）

Gruppo/组	Tipo/型	Prodotto/产品
carrello industriale motorizzato（combustione interna，batteria，combinato） 机动工业车辆（内燃、蓄电池、双动力）	carrello elevatore per picking 拣选车	carrello elevatore per picking 拣选车
	carrello senza conducente 无人驾驶车辆	carrello senza conducente 无人驾驶车辆
carrello industriale non motorizzato 非机动工业车辆	stoccatore manuale 步行式堆垛车	stoccatore manuale 步行式堆垛车
	stoccatore manuale a pianale 步行式托盘堆垛车	stoccatore manuale a pianale 步行式托盘堆垛车
	carrello elevatore manuale a pianale 步行式托盘搬运车	carrello elevatore manuale a pianale 步行式托盘搬运车
	carrello elevatore manuale con piano di sollevamento a pantografo 步行剪叉式升降托盘搬运车	carrello elevatore manuale con piano di sollevamento a pantografo 步行剪叉式升降托盘搬运车
altri carrelli industriali 其他工业车辆		

5 compattatore 压实机械

Gruppo/组	Tipo/型	Prodotto/产品
rullo statico 静作用压路机	rullo compattatore trainato 拖式压路机	rullo compattatore trainato a tamburo liscio 拖式光轮压路机
	rullo compattatore semovente 自行式压路机	rullo compattatore semovente a doppio tamburo 两轮光轮压路机
		rullo compattatore semovente articolato a doppio tamburo 两轮铰接光轮压路机

(续表)

Gruppo/组	Tipo/型	Prodotto/产品
rullo statico 静作用压路机	rullo compattatore semovente 自行式压路机	rullo compattatore semovente a tre tamburi 三轮光轮压路机
		rullo compattatore semovente articolato a tre tamburi 三轮铰接光轮压路机
rullo vibrante 振动压路机	rullo a tamburo liscio 光轮式压路机	rullo vibrante a doppio tamburo 两轮串联振动压路机
		rullo vibrante articolato a doppio tamburo 两轮铰接振动压路机
		rullo vibrante a quattro tamburi 四轮振动压路机
	rullo compattatore gommato 轮胎驱动式压路机	rullo vibrante gommato a tamburo liscio 轮胎驱动光轮振动压路机
		rullo vibrante gommato a piede di pecora 轮胎驱动凸块振动压路机
	rullo compattatore trainato 拖式压路机	rullo vibrante trainato 拖式振动压路机
		rullo vibrante trainato a piede di pecora r 拖式凸块振动压路机
	rullo compattatore manuale 手扶式压路机	rullo vibrante manuale con tamburo liscio 手扶光轮振动压路机
		rullo vibrante manuale a piede di pecora 手扶凸块振动压路机
		rullo vibrante manuale con meccanismo di sterzo 手扶带转向机构振动压路机
rullo oscillante 振荡压路机	rullo a tamburo liscio 光轮式压路机	rullo vibrante pendolare a doppio tamburo 两轮串联振荡压路机
		rullo vibrante pendolare articolato a doppio tamburo 两轮铰接振荡压路机

(续表)

Gruppo/组	Tipo/型	Prodotto/产品
rullo oscillante 振荡压路机	rullo compattatore gommato 轮胎驱动式压路机	rullo vibrante pendolare gommato con tamburo liscio 轮胎驱动式光轮振荡压路机
rullo compattatore gommato 轮胎压路机	rullo compattatore semovente 自行式压路机	rullo compattatore gommato 轮胎压路机
		rullo compattatore articolato gommato 铰接式轮胎压路机
rullo compattatore a percussione 冲击压路机	rullo compattatore trainato 拖式压路机	rullo compattatore a percussione trainato 拖式冲击压路机
	rullo compattatore semovente 自行式压路机	rullo compattatore a percussione semovente 自行式冲击压路机
rullo compattatore combinato 组合式压路机	rullo combinato vibrante a ruote 振动轮胎组合式压路机	rullo combinato vibrante a ruote 振动轮胎组合式压路机
	rullo combinato vibrante-oscillante 振动振荡式压路机	rullo combinato vibrante-oscillante 振动振荡式压路机
costipatore a piastra vibrante 振动平板夯	costipatore elettrico a piastra 电动式平板夯	costipatore elettrico a piastra vibrante 电动振动平板夯
	costipatore a combustione interna a piastra vibrante 内燃式平板夯	costipatore a combustione interna a piastra vibrante 内燃振动平板夯
pestello compattatore a vibrazione 振动冲击夯	pestello compattatore elettrico 电动式冲击夯	pestello compattatore elettrico a vibrazione 电动振动冲击夯
	pestello compattatore a combustione interna 内燃冲击夯	pestello compattatore a combustione interna a vibrazione 内燃振动冲击夯
pestello compattatore ad esplosione 爆炸式夯实机	pestello compattatore ad esplosione 爆炸式夯实机	pestello compattatore ad esplosione 爆炸式夯实机

（续表）

Gruppo/组	Tipo/型	Prodotto/产品
costipatore rana 蛙式夯实机	costipatore rana 蛙式夯实机	costipatore rana 蛙式夯实机
compressore per rifiuti 垃圾填埋压实机	compressore statico 静碾式压实机	compressore statico per rifiuti 静碾式垃圾填埋压实机
	compressore vibrante 振动式压实机	compressore vibrante per rifiuti 振动式垃圾填埋压实机
altre macchine di compattazione 其他压实机械		

6 macchina per la lavorazione e la manutenzione della pavimentazione 路面施工与养护机械

Gruppo/组	Tipo/型	Prodotto/产品
macchina per pavimentazione di asfalto 沥青路面施工机械	betoniera 沥青混合料搅拌设备	betoniera intermittente 强制间歇式沥青搅拌设备
		betoniera continua 强制连续式沥青搅拌设备
		betoniera continua con tamburo 滚筒连续式沥青搅拌设备
		betoniera continua con doppio tamburo 双滚筒连续式沥青搅拌设备
		betoniera intermittente con doppio tamburo 双滚筒间歇式沥青搅拌设备
		betoniera mobile 移动式沥青搅拌设备
		betoniera con cassone 集装箱式沥青搅拌设备
		betoniera ecologica 环保型沥青搅拌设备
	pavimentatrice/finitrice di asfalto 沥青混合料摊铺机	pavimentatrice/finitrice cingolata meccanica 机械传动履带式沥青摊铺机
		pavimentatrice/finitrice cingolata idraulica 全液压履带式沥青摊铺机

（续表）

Gruppo/组	Tipo/型	Prodotto/产品
macchina per pavimentazione di asfalto 沥青路面施工机械	pavimentatrice/finitrice di asfalto 沥青混合料摊铺机	pavimentatrice/finitrice gommata meccanica 机械传动轮胎式沥青摊铺机
		pavimentatrice/finitrice gommata idraulica 全液压轮胎式沥青摊铺机
		pavimentatrice/finitrice a due livelli 双层沥青摊铺机
		finitrice/spargitrice dell'asfalto 带喷洒装置沥青摊铺机
		finitrice per il cordolo 路沿摊铺机
	macchina di trasporto dell'asfalto 沥青混合料转运机	trasportatore dell'asfalto diretto 直传式沥青转运料机
		trasportatore dell'sfalto a tramoggia 带料仓式沥青转运料机
	(auto)spargitrice di asfalto 沥青洒布机(车)	(auto)spargitrice di asfalto meccanica 机械传动沥青洒布机(车)
		(auto)spargitrice di asfalto idraulica 液压传动沥青洒布机(车)
		spargitrice di asfalto pneumatica 气压沥青洒布机
	(auto)distributore della granulometria grossa 碎石撒布机	distributore della granulometria grossa a nastro 单输送带石屑撒布机
		distributore della granulometria grossa a doppio nastro 双输送带石屑撒布机
		distributore della granulometria grossa sospeso 悬挂式简易石屑撒布机
		distributore della granulometria grossa nera 黑色碎石撒布机
	camion cisterna per asfalto liquido 液态沥青运输机	camion cisterna per il trasporto dell'asfalto liquido a temperatura controllata 保温沥青运输罐车

（续表）

Gruppo/组	Tipo/型	Prodotto/产品
macchina per pavimentazione di asfalto 沥青路面施工机械	camion cisterna per asfalto liquido 液态沥青运输机	camion cisterna semirimorchiato per il trasporto dell'asfalto liquido a temperatura controllata 半拖挂保温沥青运输罐车
		autocisterna semplice per il trasporto dell'asfalto liquido 简易车载式沥青罐车
	pompa di asfalto 沥青泵	pompa di asfalto ad ingranaggi 齿轮式沥青泵
		pompa di asfalto a pistoni 柱塞式沥青泵
		pompa di asfalto a bullone 螺杆式沥青泵
	valvola di asfalto 沥青阀	valvola di asfalto a tre vie (manuale, elettrica, peumatica) 保温三通沥青阀(分手动、电动、气动)
		valvola di asfalto a due vie (manuale, elettrica, peumatica) 保温二通沥青阀(分手动、电动、气动)
		valvola di asfalto a sfera a due vie 保温二通沥青球阀
	serbatoio di asfalto 沥青贮罐	serbatoio di asfalto verticale 立式沥青贮罐
		serbatoio di asfalto orizzontale 卧式沥青贮罐
		stazione di stoccaggio dell'asfalto 沥青库(站)
macchina per pavimentazione di asfalto 沥青路面施工机械	impianto di riscaldamento dell'asfalto 沥青加热熔化设备	impianto fisso per la fusione di asfalto con riscaldamento a fiamma 火焰加热固定式沥青熔化设备
		impianto mobile per la fusione di asfalto con riscaldamento a fiamma 火焰加热移动式沥青熔化设备
		impianto fisso per la fusione di asfalto con riscaldamento a vapore 蒸汽加热固定式沥青熔化设备
		impianto mobile per la fusione di asfalto con riscaldamento a vapore 蒸汽加热移动式沥青熔化设备

(续表)

Gruppo/组	Tipo/型	Prodotto/产品
macchina per pavimentazione di asfalto 沥青路面施工机械	impianto di riscaldamento dell'asfalto 沥青加热熔化设备	impianto fisso per la fusione di asfalto con riscaldamento ad olio diatermico 导热油加热固定式沥青熔化设备
		impianto fisso per la fusione di asfalto con riscaldamento elettrico 电加热固定式沥青熔化设备
		impianto mobile per la fusione di asfalto con riscaldamento elettrico 电加热移动式沥青熔化设备
		impianto fisso per la fusione di asfalto con riscaldamento a raggi infrarossi 红外线固定加热式沥青熔化设备
		impianto mobile per la fusione di asfalto con riscaldamento a raggi infrarossi 红外线加热移动式沥青熔化设备
		impianto fisso per la fusione di asfalto con riscaldamento ad energia solare 太阳能加热固定式沥青熔化设备
		impianto mobile per la fusione di asfalto con riscaldamento ad energia solare 太阳能加热移动式沥青熔化设备
	impianto di riempimento dell'asfalto 沥青灌装设备	impianto di riempimento dell'asfalto in tamburo 筒装沥青灌装设备
		impianto di riempimento dell'asfalto in sacco 袋装沥青灌装设备
	impianto di estrazione dell'asfalto 沥青脱桶装置	impianto di estrazione dell'asfalto fisso 固定式沥青脱桶装置
		impianto di estrazione dell'asfalto mobile 移动式沥青脱桶装置

（续表）

Gruppo/组	Tipo/型	Prodotto/产品
macchina per pavimentazione di asfalto 沥青路面施工机械	impianto per la produzione di bitume modificato 沥青改性设备	impianto per la produzione di bitume modificato a miscela 搅拌式沥青改性设备
		impianto per la produzione di bitume modificato a mulino 胶体磨式沥青改性设备
	emusionatore dell'asfalto 沥青乳化设备	emulsionatore dell'asfalto fisso 移动式沥青乳化设备
		emulsionatore dell'asfalto mobile 固定式沥青乳化设备
macchina per la pavimentazione in calcestruzzo 水泥面施工机械	pavimentatrice/finitrice per calcestruzzo 水泥混凝土摊铺机	pavimentatrice/finitrice per calcestruzzo a casseforme scorrevoli 滑模式水泥混凝土摊铺机
		pavimentatrice/finitrice per calcestruzzo su rotaie 轨道式水泥混凝土摊铺机
	macchina di pavimentazione del cordolo multifunzione 多功能路缘石铺筑机	macchina di pavimentazione del cordolo di cemento cingolata 履带式水泥混凝土路缘铺筑机
		macchina di pavimentazione del cordolo di cemento su rotaie 轨道式水泥混凝土路缘铺筑机
		macchina di pavimentazione del cordolo di cemento gommata 轮胎式水泥混凝土路缘铺筑机
	scanalatrice 切缝机	scanalatrice cingolata per pavimento in cemento 手扶式水泥混凝土路面切缝机
		scanalatrice su rotaie per pavimento in cemento 轨道式水泥混凝土路面切缝机
		scanalatrice gommata per pavimento in cemento 轮胎式水泥混凝土路面切缝机
	trave di vibrazione per calcestruzzo 水泥混凝土路面振动梁	trave di vibrazione per calcestruzzo monotrave 单梁式水泥混凝土路面振动梁
		trave di vibrazione per calcestruzzo bitrave 双梁式水泥混凝土路面振动梁

(续表)

Gruppo/组	Tipo/型	Prodotto/产品
macchina per la pavimentazione in calcestruzzo 水泥面施工机械	levigatrice per pavimento in calcestruzzo 水泥混凝土路面抹光机	levigatrice elettrica per pavimento in calcestruzzo 电动式水泥混凝土路面抹光机
		levigatrice a combustione interna per pavimento in calcestruzzo 内燃式水泥混凝土路面抹光机
	dispositivo di disidratazione per la pavimentazione in calcestruzzo 水泥混凝土路面脱水装置	dispositivo di disidratazione a vuoto per la pavimentazione in calcestruzzo 真空式水泥混凝土路面脱水装置
		dispositivo di disidratazione per la pavimentazione in calcestruzzo con film a bolle d'aria 气垫膜式水泥混凝土路面脱水装置
	macchina di pavimentazione della fossa 水泥混凝土边沟铺筑机	macchina di pavimentazione della fossa di cemento cingolata 履带式水泥混凝土边沟铺筑机
		macchina di pavimentazione della fossa di cemento su rotaie 轨道式水泥混凝土边沟铺筑机
		macchina di pavimentazione della fossa di cemento gommata 轮胎式水泥混凝土边沟铺筑机
	macchina di sigillatura dei giunti della pavimentazione 路面灌缝机	macchina di sigillatura dei giunti trainata 拖式路面灌缝机
		macchina di sigillatura dei giunti semovente 自行式路面灌缝机
macchina per la preparazione del substrato 路面基层施工机械	miscelatore del terreno stabilizzato 稳定土拌和机	miscelatore del terreno stabilizzato cingolato 履带式稳定土拌和机
		miscelatore del terreno stabilizzato gommato 轮胎式稳定土拌和机
	impianto di miscelazione del terreno stabilizzato 稳定土拌和设备	impianto forzato di miscelazione del terreno stabilizzato 强制式稳定土拌和设备
		impianto a gravità di miscelazione del terreno stabilizzato 自落式稳定土拌和设备

(续表)

Gruppo/组	Tipo/型	Prodotto/产品
macchina per la preparazione del substrato 路面基层施工机械	pavimentatrice del terreno stabilizzato 稳定土摊铺机	pavimentatrice del terreno stabilizzato cingolata 履带式稳定土摊铺机
		pavimentatrice del terreno stabilizzato gommata 轮胎式稳定土摊铺机
macchina ausiliare per pavimentazione 路面附属设施施工机械	macchina per la costruzione del guard-rail 护栏施工机械	battipalo/estrattore 打桩、拔桩机
		perforatrice e posatubi 钻孔吊桩机
	macchina traccialinee 标线标志施工机械	macchina di marcatura a spruzzo con vernice a temperatura normale 常温漆标线喷涂机
		traccialinee con vernice riscaldata 热熔漆标线划线机
		macchina di rimozione di linee stradali 标线清除机
	macchina per la costruzione della fossa e della banchina 边沟、护坡施工机械	scavafossi 开沟机
		pavimentatrice di fossa 边沟摊铺机
		pavimentatrice di banchina 护坡摊铺机
macchina di manutenzione della pavimentazione 路面养护机械	macchina di manutenzione multifunzione 多功能养护机	macchina di manutenzione multifunzione 多功能养护机
	macchina di riparazione della pavimentazione di asfalto 沥青路面坑槽修补机	macchina di riparazione della pavimentazione di asfalto 沥青路面坑槽修补机
	macchina di riparazione a riscaldamento della pavimentazione di asfalto 沥青路面加热修补机	macchina di riparazione a riscaldamento della pavimentazione di asfalto 沥青路面加热修补机

（续表）

Gruppo/组	Tipo/型	Prodotto/产品
macchina di manutenzione della pavimentazione 路面养护机械	macchina di riparazione a iniezione della pavimentazione di asfalto 喷射式坑槽修补机	macchina di riparazione a iniezione della pavimentazione di asfalto 喷射式坑槽修补机
	riciclatrice 再生修补机	riciclatrice 再生修补机
	fresatrice per l'allargamento delle crepe 扩缝机	fresatrice per l'allargamento delle crepe 扩缝机
	fresatrice per fosse 坑槽切边机	fresatrice per fosse 坑槽切边机
	macchina di riparazione della pavimentazione compatta 小型罩面机	macchina di riparazione della pavimentazione compatta 小型罩面机
	scanalatrice per pavimento in cemento 路面切割机	scanalatrice per pavimento in cemento 路面切割机
	spruzzatore dell'acqua 洒水车	spruzzatore dell'acqua 洒水车
	fresatrice stradale 路面刨铣机	fresatrice stradale cingolata 履带式路面刨铣机
		fresatrice stradale gommata 轮胎式路面刨铣机
	veicolo di manutenzione per pavimentazione di asfalto 沥青路面养护车	veicolo di manutenzione per pavimentazione di asfalto semovente 自行式沥青路面养护车
		veicolo di manutenzione per pavimentazione di asfalto gommato 拖式沥青路面养护车
	veicolo di manutenzione della pavimentazione di calcestruzzo 水泥混凝土路面养护车	veicolo di manutenzione della pavimentazione di calcestruzzo semovente 自行式水泥混凝土路面养护车

(续表)

Gruppo/组	Tipo/型	Prodotto/产品
macchina di manutenzione della pavimentazione 路面养护机械	veicolo di manutenzione della pavimentazione di calcestruzzo 水泥混凝土路面养护车	veicolo di manutenzione della pavimentazione di calcestruzzo trainato 拖式水泥混凝土路面养护车
	frantumatore per pavimento del calcestruzzo 水泥混凝土路面破碎机	frantumatore per pavimento del calcestruzzo semovente 自行式水泥混凝土路面破碎机
		frantumatore per pavimento del calcestruzzo trainato 拖式水泥混凝土路面破碎机
	macchina di pavimentazione di asfalto con l'impasto semiliquido di cemento，argilla e malta 稀浆封层机	macchina semovente di pavimentazione di asfalto con l'impasto semiliquido di cemento，argilla e malta 自行式稀浆封层机
		macchina trainata di pavimentazione di asfalto con l'impasto semiliquido di cemento，argilla e malta 拖式稀浆封层机
	macchina per il riciclaggio di sabbia fine 回砂机	macchina per il riciclaggio di sabbia fine a raschietto 刮板式回砂机
		macchina per il riciclaggio di sabbia fine a rotore 转子式回砂机
	scanalatrice per pavimento 路面开槽机	scanalatrice per pavimento manuale 手扶式路面开槽机
		scanalatrice per pavimento semovente 自行式路面开槽机
	macchina di sigillatura dei giunti 路面灌缝机	macchina di sigillatura dei giunti trainata 拖式路面灌缝机
		macchina di sigillatura dei giunti semovente 自行式路面灌缝机
	riscaldatore della pavimentazione di asfalto 沥青路面加热机	riscaldatore della pavimentazione di asfalto semovente 自行式沥青路面加热机
		riscaldatore della pavimentazione di asfalto trainato 拖式沥青路面加热机

(续表)

Gruppo/组	Tipo/型	Prodotto/产品
macchina di manutenzione della pavimentazione 路面养护机械	riscaldatore della pavimentazione di asfalto 沥青路面加热机	riscaldatore della pavimentazione di asfalto sospeso 悬挂式沥青路面加热机
	riciclatore a caldo della pavimentazione di asfalto 沥青路面热再生机	riciclatore a caldo della pavimentazione di asfalto semovente 自行式沥青路面热再生机
		riciclatore a caldo della pavimentazione di asfalto trainato 拖式沥青路面热再生机
		riciclatore a caldo della pavimentazione di asfalto sospeso 悬挂式沥青路面热再生机
	riciclatore a freddo della pavimentazione di asfalto 沥青路面冷再生机	riciclatore a freddo della pavimentazione di asfalto semovente 自行式沥青路面冷再生机
		riciclatore a freddo della pavimentazione di asfalto trainato 拖式沥青路面冷再生机
		riciclatore a freddo della pavimentazione di asfalto sospeso 悬挂式沥青路面冷再生机
	impianto per il riciclaggio dell'emulsione bituminosa 乳化沥青再生设备	impianto per il riciclaggio dell'emulsione bituminosa fisso 固定式乳化沥青再生设备
		impianto per il riciclaggio dell'emulsione bituminosa mobile 移动式乳化沥青再生设备
	impianto per il riciclaggio della schiuma bituminosa 泡沫沥青再生设备	impianto per il riciclaggio della schiuma bituminosa fisso 固定式泡沫沥青再生设备
		impianto per il riciclaggio della schiuma bituminosa mobile 移动式泡沫沥青再生设备
	finitrice con sassi frantumati 碎石封层机	finitrice con sassi frantumati 碎石封层机
	treno riciclatore in sito 就地再生搅拌列车	treno riciclatore in sito 就地再生搅拌列车

（续表）

Gruppo/组	Tipo/型	Prodotto/产品
macchina di manutenzione della pavimentazione 路面养护机械	riscaldatore della pavimentazione 路面加热机	riscaldatore della pavimentazione 路面加热机
	riciclatore a riscaldamento e miscelazione 路面加热复拌机	riciclatore a riscaldamento e miscelazione 路面加热复拌机
	rasaerba/falciatrice 割草机	rasaerba/falciatrice 割草机
	svettatoio 树木修剪机	svettatoio 树木修剪机
	spazzatrice stradale 路面清扫机	spazzatrice stradale 路面清扫机
	macchina di lavaggio del guard-rail 护栏清洗机	macchina di lavaggio del guard-rail 护栏清洗机
	veicolo di avvertimento dei lavori in sito 施工安全指示牌车	veicolo di avvertimento dei lavori in sito 施工安全指示牌车
	macchina di riparazione della fossa 边沟修理机	macchina di riparazione della fossa 边沟修理机
	impianto di illuminazione notturna 夜间照明设备	impianto di illuminazione notturna 夜间照明设备
	riciclatore per pavimento permeabile 透水路面恢复机	riciclatore per pavimento permeabile 透水路面恢复机
	macchina spazzaneve e antighiaccio 除冰雪机械	spazzaneve con attrezzature rotative 转子式除雪机
		spazzaneve ad aratro 犁式除雪机
		spazzaneve a coclea 螺旋式除雪机

(续表)

Gruppo/组	Tipo/型	Prodotto/产品
macchina di manutenzione della pavimentazione 路面养护机械	macchina spazzaneve e antighiaccio 除冰雪机械	spazzaneve combinata 联合式除雪机
		camion spazzaneve 除雪卡车
		spargitrice sciogli neve 融雪剂撒布机
		spargitrice del liquido sciogli neve 融雪液喷洒机
		macchina spazzaneve e antighiaccio ad iniezione 喷射式除冰雪机
altre macchine per la lavorazione e la manutenzione della pavimentazione 其他路面施工与养护机械		

7 macchina per calcestruzzo 混凝土机械

Gruppo/组	Tipo/型	Prodotto/产品
miscelatore 搅拌机	miscelatore con tamburo conico rovesciabile 锥形反转出料式搅拌机	miscelatore con tamburo conico rovesciabile a trasmissione a corona dentata 齿圈锥形反转出料混凝土搅拌机
		miscelatore con tamburo conico rovesciabile a trasmissione ad attrito 摩擦锥形反转出料混凝土搅拌机
		miscelatore con tamburo conico rovesciabile a trasmissione a combustione interna 内燃机驱动锥形反转出料混凝土搅拌机
	miscelatore con tamburo conico inclinabile 锥形倾翻出料式搅拌机	miscelatore con tamburo conico inclinabile a trasmissione a corona dentata 齿圈锥形倾翻出料混凝土搅拌机

（续表）

Gruppo/组	Tipo/型	Prodotto/产品
miscelatore 搅拌机	miscelatore con tamburo conico inclinabile 锥形倾翻出料式搅拌机	miscelatore con tamburo conico inclinabile a trasmissione ad attrito 摩擦锥形倾翻出料混凝土搅拌机
		misclatore idraulico gommato 轮胎式全液压装载机
	miscelatore a turbina 涡桨式搅拌机	miscelatore di calcestruzzo a turbina 涡桨式混凝土搅拌机
	miscelatore a planetario 行星式搅拌机	miscelatore di calcestruzzo a planetario 行星式混凝土搅拌机
	miscelatore con asse orizzontale singolo 单卧轴式搅拌机	betoniera meccanica ad asse orizzontale singolo 单卧轴式机械上料混凝土搅拌机
		betoniera idraulica ad asse orizzontale singolo 单卧轴式液压上料混凝土搅拌机
	miscelatore a due assi orizzontali 双卧轴式搅拌机	betoniera meccanica a due assi orizzontali 双卧轴式机械上料混凝土搅拌机
		betoniera idraulica a due assi orizzontali 双卧轴式液压上料混凝土搅拌机
	miscelatore continuo 连续式搅拌机	miscelatore continuo per calcestruzzo 连续式混凝土搅拌机
impianto di miscelazione di calcestruzzo 混凝土搅拌楼	impianto di miscelazione con tamburo conico rovesciabile 锥形反转出料式搅拌楼	impianto di miscelazione con due tamburi conici rovesciabili 双主机锥形反转出料混凝土搅拌楼
	impianto di miscelazione con tamburo conico inclinabile 锥形倾翻出料式搅拌楼	impianto di miscelazione con due tamburi conici inclinabili 双主机锥形倾翻出料混凝土搅拌楼
		impianto di miscelazione con tre tamburi conici inclinabili 三主机锥形倾翻出料混凝土搅拌楼
		impianto di miscelazione con quattro tamburi conici inclinabili 四主机锥形倾翻出料混凝土搅拌楼

(续表)

Gruppo/组	Tipo/型	Prodotto/产品
impianto di miscelazione di calcestruzzo 混凝土搅拌楼	impianto di miscelazione a turbina 涡桨式搅拌楼	impianto di miscelazione a turbina a singola betoniera 单主机涡桨式混凝土搅拌楼
		impianto di miscelazione a turbina a due betoniere 双主机涡桨式混凝土搅拌楼
	impianto di miscelazione a planetario 行星式搅拌楼	impianto di miscelazione di calcestruzzo a planetario a singolo betoniera 单主机行星式混凝土搅拌楼
		impianto di miscelazione di calcestruzzo a planetario a due betoniere 双主机行星式混凝土搅拌楼
	impianto di miscelazione con asse orrizzontale singolo 单卧轴式搅拌楼	impianto di miscelazione con asse orrizzontale singolo a singola betoniera 单主机单卧轴式混凝土搅拌楼
		impianto di miscelazione con asse orrizzontale singolo a due betoniere 双主机单卧轴式混凝土搅拌楼
	impianto di miscelazione a due assi orizzontali 双卧轴式搅拌楼	impianto di miscelazione di calcestruzzo a due assi orizzontali a singola betoniera 单主机双卧轴式混凝土搅拌楼
		impianto di miscelazione di calcestruzzo a due assi orizzonatali a due betoniere 双主机双卧轴式混凝土搅拌楼
	impianto di miscelazione continuo 连续式搅拌楼	impianto di miscelazione di calcestruzzo continuo 连续式混凝土搅拌楼
centrale di miscelazione di calcestruzzo 混凝土搅拌站	centrale di miscelazione con tamburo conico rovesciabile 锥形反转出料式搅拌站	centrale di miscelazione di calcestruzzo con tamburo conico rovesciabile 锥形反转出料式混凝土搅拌站
	centrale di miscelazione con tamburo conico inclinabile 锥形倾翻出料式搅拌站	centrale di miscelazione di calcestruzzo con tamburo conico inclinabile 锥形倾翻出料式混凝土搅拌站

(续表)

Gruppo/组	Tipo/型	Prodotto/产品
centrale di miscelazione di calcestruzzo 混凝土搅拌站	centrale di miscelazione a turbina 涡桨式搅拌站	centrale di miscelazione di calcestruzzo a turbina 涡桨式混凝土搅拌站
	centrale di miscelazione a planetario 行星式搅拌站	centrale di miscelazione di calcestruzzo a planetario 行星式混凝土搅拌站
	centrale di miscelazione con asse orrizzontale singolo 单卧轴式搅拌站	centrale di miscelazione di calcestruzzo con asse orrizzontale singolo 单卧轴式混凝土搅拌站
	centrale di miscelazione a due assi orizzontali 双卧轴式搅拌站	centrale di miscelazione di calcestruzzo a due assi orizzonali 双卧轴式混凝土搅拌站
	centrale di miscelazione continua 连续式搅拌站	centrale di miscelazione di calcestruzzo continua 连续式混凝土搅拌站
camion betoniera 混凝土搅拌运输车	camion betoniera semovente 自行式搅拌运输车	camion betoniera con volano 飞轮取力混凝土搅拌运输车
		camion betoniera frontale 前端取力混凝土搅拌运输车
		camion betoniera di azionamento singolo 单独驱动混凝土搅拌运输车
		camion betoniera a scarico frontale 前端卸料混凝土搅拌运输车
		camion betoniera con nastro trasportatore 带皮带输送机混凝土搅拌运输车
		camion betoniera con dispositivo di alimentazione 带上料装置混凝土搅拌运输车
		camion betoniera con pompa a braccio 带臂架混凝土泵混凝土搅拌运输车
		camion betoniera con dispositivo di ribaltamento 带倾翻机构混凝土搅拌运输车

（续表）

Gruppo/组	Tipo/型	Prodotto/产品
camion betoniera 混凝土搅拌运输车	camion betoniera trainato 拖式搅拌运输车	camion betoniera trainato 混凝土搅拌运输车
pompa per calcestruzzo 混凝土泵	pompa fissa 固定式泵	pompa per calcestruzzo fissa 固定式混凝土泵
	pompa trainata 拖式泵	pompa per calcestruzzo trainata 拖式混凝土泵
	pompa autocarrata 车载式泵	pompa per calcestruzzo autocarrata 车载式混凝土泵
braccio di distribuzione del calcestruzzo 混凝土布料杆	braccio di distribuzione a rotolo 卷折式布料杆	braccio di distribuzione del calcestruzzo a rotolo 卷折式混凝土布料杆
	braccio di distribuzione pieghevole a Z “Z”形折叠式布料杆	braccio di distribuzione del calcestruzzo pieghevole a Z “Z”形折叠式混凝土布料杆
	braccio di distribuzone telescopico 伸缩式布料杆	braccio di distribuzione del calcestruzzo telescopico 伸缩式混凝土布料杆
	braccio di distribuzione combinato 组合式布料杆	braccio di distribuzione di calcestruzzo combinato (a rotolo e pieghevole a Z) 卷折“Z”形折叠组合式混凝土布料杆
		braccio di distribuzione di calcestruzzo combinato (pieghevole a Z e telescopico) “Z”形折叠伸缩组合式混凝土布料杆
		braccio di distribuzione di calcestruzzo combinato (a rotolo e telescopico) 卷折伸缩组合式混凝土布料杆
camion pompa per calcestruzzo a braccio 臂架式混凝土泵车	camion pompa integrale 整体式泵车	camion pompa per calcestruzzo a braccio integrale 整体式臂架式混凝土泵车
	camion pompa semirimorchiato 半挂式泵车	camion pompa per calcestruzzo a braccio semirimorchiato 半挂式臂架式混凝土泵车
	camion pompa rimorchiato 全挂式泵车	camion pompa per calcestruzzo a braccio rimorchiato 全挂式臂架式混凝土泵车

(续表)

Gruppo/组	Tipo/型	Prodotto/产品
macchina per la proiezione del calcestruzzo 混凝土喷射机	macchina per la proiezione a cilindro 缸罐式喷射机	macchina per la proiezione del calcestruzzo a cilindro 缸罐式混凝土喷射机
	macchina per la proiezione a coclea 螺旋式喷射机	macchina per la proiezione del calcestruzzo a coclea 螺旋式混凝土喷射机
	macchina per la proiezione a rotore 转子式喷射机	macchina per la proiezione del calcestruzzo a rotore 转子式混凝土喷射机
robot articolato per la proiezione del calcestruzzo 混凝土喷射机械手	robot articolato per la proiezione del calcestruzzo 混凝土喷射机械手	robot articolato per la proiezione del calcestruzzo 混凝土喷射机械手
camion per la proiezione del calcestruzzo 混凝土喷射台车	camion per la proiezione del calcestruzzo 混凝土喷射台车	camion per la proiezione del calcestruzzo 混凝土喷射台车
macchina per blocchetti di calcestruzzo 混凝土浇注机	macchina per blocchetti su rotaie 轨道式浇注机	macchina per blocchetti di calcestruzzo su rotaie 轨道式混凝土浇注机
	macchina per blocchetti gommata 轮胎式浇注机	macchina per blocchetti di calcestruzzo gommata 轮胎式混凝土浇注机
	macchina per blocchetti fissa 固定式浇注机	macchina per blocchetti fissa 固定式混凝土浇注机
vibratore per calcestruzzo 混凝土振动器	vibratore interno 内部振动式振动器	vibratore ad immersione elettrico per calcestruzzo ad albero flessibile a planetario 电动软轴行星插入式混凝土振动器
		vibratore ad immersione elettrico per calcestruzzo ad albero flessibile eccentrico 电动软轴偏心插入式混凝土振动器
		vibratore ad immersione a combustione interna per calcestruzzo ad albero flessibile a planetario 内燃软轴行星插入式混凝土振动器
		vibratore ad immersione per calcestruzzo con motore elettrico integrato 电机内装插入式混凝土振动器

(续表)

Gruppo/组	Tipo/型	Prodotto/产品
vibratore per calcestruzzo 混凝土振动器	vibratore esterno 外部振动式振动器	vibratore per calcestruzzo a piatto 平板式混凝土振动器
		vibratore per calcestruzzo attaccato 附着式混凝土振动器
		vibratore per calcestruzzo unidirezionale 单向振动附着式混凝土振动器
tavola vibrante per calcestruzzo 混凝土振动台	tavola vibrante per calcestruzzo 混凝土振动台	tavola vibrante per calcestruzzo 混凝土振动台
autocisterna a scarico pneumatico per il trasporto di cemento 气卸散装水泥运输车	autocisterna a scarico pneumatico per il trasporto di cemento 气卸散装水泥运输车	autocisterna a scarico pneumatico per il trasporto di cemento 气卸散装水泥运输车
Stazione di pulizia e riciclaggio del calcestruzzo 混凝土清洗回收站	Stazione di pulizia e riciclaggio del calcestruzzo 混凝土清洗回收站	stazione di pulizia e riciclaggio del calcestruzzo 混凝土清洗回收站
stazione di classificazione per calcestruzzo 混凝土配料站	stazione di classificazione per calcestruzzo 混凝土配料站	stazione di classificazione per calcestruzzo 混凝土配料站
altre macchine per calcestruzzo 其他混凝土机械		

8 macchina di perforazione dei tunnel 掘进机械

Gruppo/组	Tipo/型	Prodotto/产品
fresa meccanica a piena sezione (TBM) 全断面隧道掘进机	scudo 盾构机	scudo a pressione di terra bilanciata (EPB) 土压平衡式盾构机
		scudo a circolazione di fanghi (Slurry Shield) 泥水平衡式盾构机

(续表)

Gruppo/组	Tipo/型	Prodotto/产品
fresa meccanica a piena sezione (TBM) 全断面隧道掘进机	scudo 盾构机	scudo a pressione di bentonite 泥浆式盾构机
		scudo a pressione di fanghi 泥水式盾构机
		scudo con forma particolare 异型盾构机
	talpa 硬岩掘进机	talpa 硬岩掘进机
	talpa combinata 组合式掘进机	talpa combinata 组合式掘进机
perforatrice (non di uso di scavo) 非开挖设备	perforatrice orizzontale 水平定向钻	perforatrice orizzontale 水平定向钻
	spingitubi 顶管机	spingitubi a pressione di terra bilanciata 土压平衡式顶管机
		spingitubi a pressione di fanghi 泥水平衡式顶管机
		spingitubi a circolazione di fanghi 泥水输送式顶管机
tunneler 巷道掘进机	tunneler ad asta sospesa 悬臂式岩巷掘进机	tunneler ad asta sospesa 悬臂式岩巷掘进机
altre macchine di perforazione dei tunnel 其他掘进机械		

9 macchina battipalo 桩工机械

Gruppo/组	Tipo/型	Prodotto/产品名称
maglio battipalo diesel 柴油打桩锤	maglio battipalo tubolare 筒式打桩锤	maglio battipalo diesel tubolare a raffreddamento ad acqua 水冷筒式柴油打桩锤
		maglio battipalo diesel tubolare a raffreddamento ad aria 风冷筒式柴油打桩锤

(续表)

Gruppo/组	Tipo/型	Prodotto/产品名称
maglio battipalo diesel 柴油打桩锤	maglio battipalo con barra di guida 导杆式打桩锤	maglio battipalo diesel con barra di guida 导杆式柴油打桩锤
maglio battipalo idraulico 液压锤	maglio battipalo idraulico 液压锤	maglio battipalo idraulico 液压打桩锤
maglio battipalo vibrante 振动桩锤	maglio battipalo vibrante meccanico 机械式桩锤	maglio battipalo vibrante ordinario 普通振动桩锤
		maglio battipalo vibrante con momento eccentrico aggiustabile 变矩振动桩锤
		maglio battipalo vibrante a frequenza variabile 变频振动桩锤
		maglio battipalo vibrante con frequenza e momento eccentrico aggiustabili 变矩变频振动桩锤
	maglio battipalo vibrante a motore idraulico 液压马达式桩锤	maglio battipalo vibrante a motore idraulico 液压马达式振动桩锤
	maglio battipalo idraulico 液压式桩锤	maglio battipalo idraulico 液压振动锤
telaio battipalo 桩架	telaio battipalo con tubo di guida 走管式桩架	telaio battipalo diesel con tubo di guida 走管式柴油打桩架
	telaio battipalo su rotaie 轨道式桩架	telaio battipalo diesel su rotaie 轨道式柴油锤打桩架
	telaio battipalo cingolato 履带式桩架	telaio battipalo diesel cingolato a tre punti di supporto 履带三支点式柴油锤打桩架
	telaio battipalo ad appoggi articolati 步履式桩架	telaio battipalo ad appoggi articolati 步履式桩架
	telaio battipalo sospeso 悬挂式桩架	telaio battipalo diesel cingolato sospeso 履带悬挂式柴油锤桩架

(续表)

Gruppo/组	Tipo/型	Prodotto/产品名称
battipalo 压桩机	battipalo meccanico 机械式压桩机	battipalo meccanico 机械式压桩机
	battipalo idraulico 液压式压桩机	battipalo idraulico 液压式压桩机
perforatrice 成孔机	perforatrice a coclea 螺旋式成孔机	perforatrice ad elica continua 长螺旋钻孔机
		perforatrice ad elica continua a estrusione 挤压式长螺旋钻孔机
		perforatrice ad elica continua con tubo di guida 套管式长螺旋钻孔机
		perforatrice ad elica parziale 短螺旋钻孔机
	perforatrice sommergibile 潜水式成孔机	perforatrice sommergibile 潜水钻孔机
	perforatrice con testa rotante 正反回转式成孔机	perforatrice a piatto rotante 转盘式钻孔机
		perforatrice a testa motrice 动力头式钻孔机
	perforatrice a percussione con benna per afferrare 冲抓式成孔机	perforatrice a percussione con benna per afferrare 冲抓成孔机
	perforatrice con tubo di guida 全套管式成孔机	perforatrice con tubo di guida 全套管钻孔机
	perforatrice con asta di fissaggio 锚杆式成孔机	perforatrice con asta di fissaggio 锚杆钻孔机
	perforatrice ad appoggi articolati 步履式成孔机	perforatrice ad appoggi articolati 步履式旋挖钻孔机
	perforatrice cingolata 履带式成孔机	perforatrice cingolata 履带式旋挖钻孔机
	perforatrice autocarrata 车载式成孔机	perforatrice autocarrata 车载式旋挖钻孔机

(续表)

Gruppo/组	Tipo/型	Prodotto/产品名称
perforatrice 成孔机	perforatrice multiasse 多轴式成孔机	perforatrice multiasse 多轴钻孔机
macchina di scavo per cassaforma continua sotterranea 地下连续墙成槽机	macchina di scavo con funi 钢丝绳式成槽机	benna per diaframma meccanica 机械式连续墙抓斗
	macchina di scavo con barra di guida 导杆式成槽机	benna per diaframma idraulica 液压式连续墙抓斗
	macchina di scavo con semibarra di guida 半导杆式成槽机	benna per diaframma idraulica 液压式连续墙抓斗
	macchina di scavo a tamburo 铣削式成槽机	macchina di scavo a due tamburi 双轮铣成槽机
	macchina di scavo ad agitazione 搅拌式成槽机	macchina di scavo ad agitazione a doppio tamburo 双轮搅拌机
	macchina di scavo sommergibile 潜水式成槽机	macchina di scavo verticale multiasse sommergibile 潜水式垂直多轴成槽机
battipalo a caduta libera 落锤打桩机	battipalo meccanico 机械式打桩机	battipalo meccanico a caduta libera 机械式落锤打桩机
	battipalo franco 法兰克式打桩机	battipalo franco 法兰克式打桩机
macchina di rinforzo del terreno morbido 软地基加固机械	macchina di rinforzo a impatto 振冲式加固机械	macchina di rinforzo a impatto a flusso d'acqua 水冲式振冲器
		macchina di rinforzo a impatto a secco 干式振冲器
	macchina di rinforzo a lama 插板式加固机械	battipalo a lama 插板桩机
	macchina di rinforzo a compattazione dinamica 强夯式加固机械	macchina di rinforzo a compattazione dinamica 强夯机

（续表）

Gruppo/组	Tipo/型	Prodotto/产品名称
macchina di rinforzo del terreno morbido 软地基加固机械	macchina di rinforzo a vibrazione 振动式加固机械	macchina compattatrice con sabbia densa 砂桩机
	macchina di rinforzo ad iniezione rotante 旋喷式加固机械	macchina di rinforzo del terreno morbido ad iniezione rotante 旋喷式软地基加固机
	macchina di rinforzo di miscelazione profonda per iniezione di malta 注浆式深层搅拌式加固机械	impianto di miscelazione profonda uniassiale per iniezione di malta 单轴注浆式深层搅拌机
		impianto di miscelazione profonda multiassiale per iniezione di malta 多轴注浆式深层搅拌机
	macchina di rinforzo di miscelazione profonda ad iniezione di polvere 粉体喷射式深层搅拌式加固机械	macchina di rinforzo di miscelazione profonda uniassiale ad iniezione di polvere 单轴粉体喷射式深层搅拌机
		macchina di rinforzo di miscelazione profonda multiassiale ad iniezione di polvere 多轴粉体喷射式深层搅拌机
campionatore del suolo 取土器	campionatore per terreno duro 厚壁取土器	campionatore per terreno duro 厚壁取土器
	campionatore per terreno morbido aperto 敞口薄壁取土器	campionatore per terreno morbido aperto 敞口薄壁取土器
	campionatore per terreno morbido aperto 自由活塞薄壁取土器	campionatore per terreno morbido aperto 自由活塞薄壁取土器
	campionatore per terreno morbido a pistone fisso 固定活塞薄壁取土器	campionatore per terreno morbido a pistone fisso 固定活塞薄壁取土器
	campionatore a pistone fisso idraulico 水压固定薄壁取土器	campionatore a pistone fisso idraulico 水压固定薄壁取土器
	campionatore con estensione alla scarpa 束节式取土器	campionatore con estensione alla scarpa 束节式取土器

（续表）

Gruppo/组	Tipo/型	Prodotto/产品名称
campionatore del suolo 取土器	campionatore di loess 黄土取土器	campionatore di loess 黄土取土器
	campionatore girevole a triplo tubo 三重管回转式取土器	campionatore girevole a triplo tubo a singolo effetto 三重管单动回转取土器
		campionatore girevole a triplo tubo a doppio effetto 三重管双动回转取土器
	campionatore di sabbia 取砂器	campionatore di sabbia indisturbata 原状取沙器
altre macchine battipalo 其他桩工机械		

10 macchina per la manutenzione e la pulizia urbana 市政与环卫机械

Gruppo/组	Tipo/型	Prodotto/产品
macchina per la pulizia urbana 环卫机械	spazzatrice 扫路车(机)	autospazzatrice 扫路车
		spazzatrice 扫路机
	camion aspirapolvere 吸尘车	camion aspirapolvere 吸尘车
	spazzatrice-lavasciuga 洗扫车	spazzatrice-lavasciuga 洗扫车
	autocisterna di lavaggio 清洗车	autocisterna di lavaggio 清洗车
		autocisterna di lavaggio dei guardrail 护栏清洗车
		autocisterna di lavaggio dei muri 洗墙车
	autocisterna spruzzatrice 洒水车	autocisterna spruzzatrice 洒水车
		autocisterna di lavaggio-spruzzatrice 清洗洒水车
		autocisterna spruzzatrice per alberi 绿化喷洒车

(续表)

Gruppo/组	Tipo/型	Prodotto/产品
macchina per la pulizia urbana 环卫机械	autocisterna ad aspirazione per escrementi 吸粪车	autocisterna ad aspirazione per escrementi 吸粪车
	camion toilette 厕所车	camion toilette 厕所车
	camion per rifiuti 垃圾车	autocompattatore 压缩式垃圾车
		camion per rifiuti ribaltabile 自卸式垃圾车
		camion collettore dei rifiuti 垃圾收集车
		camion collettore dei rifiuti ribaltabile 自卸式垃圾收集车
		camion collettore dei rifiuti a tre tramburi 三轮垃圾收集车
		camion collettore dei rifiuti ribaltabile automatico 自装卸式垃圾车
		camion collettore dei rifiuti con forcelloni oscillanti 摆臂式垃圾车
		autocompattatore con cassonetti sganciabili 车厢可卸式垃圾车
		camion collettore dei rifiuti differenziati 分类垃圾车
		autocompattatore dei rifiuti differenziati 压缩式分类垃圾车
		camion trasportatore dei rifiuti 垃圾转运车
		camion trasportatore dei rifiuti a cassonetto 桶装垃圾运输车

（续表）

Gruppo/组	Tipo/型	Prodotto/产品
macchina per la pulizia urbana 环卫机械	camion per rifiuti 垃圾车	camion trasportatore dei rifiuti organici 餐厨垃圾车
		camion trasportatore dei rifiuti sanitari 医疗垃圾车
	impianto per il trattamento dei rifiuti 垃圾处理设备	compressore dei rifiuti 垃圾压缩机
		bulldozer cingolato per rifiuti 履带式垃圾推土机
		escavatore cingolato per rifiuti 履带式垃圾挖掘机
		veicolo per il trattamento di permeazione dell'immondizia 垃圾渗滤液处理车
		impianto di trasferimento dei rifiuti 垃圾中转站设备
		separatore dei rifiuti 垃圾分拣机
		inceneritore dei rifiuti 垃圾焚烧炉
		frantumatore dei rifiuti 垃圾破碎机
		impianto per il compostaggio dei rifiuti 垃圾堆肥设备
		impianto per la discarica dei rifiuti 垃圾填埋设备
macchina per la manutenzione urbana 市政机械	macchina per il dragaggio di tubi 管道疏通机械	autospurghi per acque di scarico 吸污车
		camion di lavaggio-autospurghi 清洗吸污车
		veicolo di manutenzione combinata per fogna 下水道综合养护车
		autospurghi per fogna 下水道疏通车
		autocisterna di lavaggio-autospurghi per fogna 下水道疏通清洗车

（续表）

Gruppo/组	Tipo/型	Prodotto/产品
macchina per la manutenzione urbana 市政机械	macchina per il dragaggio di tubi 管道疏通机械	escavatore-draga 掏挖车
		impianto di riparazione per fogna 下水道检查修补设备
		caricatore di fanghi 污泥运输车
	macchina per l'erezione dei pali di linee elettriche 电杆埋架机械	macchina per l'erezione dei pali di linee elettriche 电杆埋架机械
	macchina per la posa di tubi 管道铺设机械	posatubi 铺管机
impianto di parcheggio e autolavaggio 停车洗车设备	impianto di parcheggio a circolazione verticale 垂直循环式停车设备	impianto di parcheggio a circolazione verticale con entrata-uscita in basso 垂直循环式下部出入式停车设备
		impianto di parcheggio a circolazione verticale con entrata-uscita in centro 垂直循环式中部出入式停车设备
		impianto di parcheggio a circolazione verticale con entrata-uscita in alto 垂直循环式上部出入式停车设备
	impianto di parcheggio su livelli multipli a circolazione 多层循环式停车设备	impianto di parcheggio su livelli multipli a circolazione circolare 多层圆形循环式停车设备
		impianto di parcheggio su livelli multipli a circolazione rettangolare 多层矩形循环式停车设备
	impianto di parcheggio circolazione orizzontale 水平循环式停车设备	impianto di parcheggio a circolazione orizzontale circolare 水平圆形循环式停车设备
		impianto di parcheggio a circolazione orizzontale rettangolare 水平矩形循环式停车设备
	impianto di parcheggio a sollevamento 升降机式停车设备	impianto di parcheggio a sollevamento longitudinale 升降机纵置式停车设备

(续表)

Gruppo/组	Tipo/型	Prodotto/产品
impianto di parcheggio e autolavaggio 停车洗车设备	impianto di parcheggio a sollevamento 升降机式停车设备	impianto di parcheggio a sollevamcnto orizzontale 升降机横置式停车设备
		impianto di parcheggio a sollevamento centrale 升降机圆置式停车设备
	impianto di parcheggio a sollevamento-spostamento 升降移动式停车设备	impianto di parcheggio longitudinale a sollevamento-spostamento 升降移动纵置式停车设备
		impianto di parcheggio orizzontale a sollevamento-spostamento 升降移动横置式停车设备
	impianto di parcheggio con piattaforma a spostamento reciproco 平面往复式停车设备	impianto di parcheggio con piattaforma di trasporto a spostamento reciproco 平面往复搬运式停车设备
		impianto di parcheggio con piattaforma di parcheggio a spostamento reciproco 平面往复搬运收容式停车设备
	impianto di parcheggio su due livelli 两层式停车设备	impianto di parcheggio a sollevamento su due livelli 两层升降式停车设备
		impianto di parcheggio a sollevamento-spostamento su due livelli 两层升降横移式停车设备
	impianto di parcheggio su livelli multipli 多层式停车设备	impianto di parcheggio a sollevamento su livelli multipli 多层升降式停车设备
		impianto di parcheggio a sollevamento-spostamento su livelli multipli 多层升降横移式停车设备
	impianto di parcheggio con piastra girevole 汽车用回转盘停车设备	piastra a rotazione 旋转式汽车用回转盘
		piastra a rotazione e spostamento 旋转移动式汽车用回转盘

(续表)

Gruppo/组	Tipo/型	Prodotto/产品
impianto di parcheggio e autolavaggio 停车洗车设备	elevatore di parcheggio 汽车用升降机停车设备	elevatore auto 升降式汽车用升降机
		elevatore auto a rotazione 升降回转式汽车用升降机
		elevatore auto a rotazione e spostamento 升降横移式汽车用升降机
	impianto di parcheggio con piattaforma girevole 旋转平台停车设备	piattaforma girevole 旋转平台
	macchina per autolavaggio 洗车场机械设备	macchina per autolavaggio 洗车场机械设备
macchina di giardinaggio 园林机械	vangatrice scavabuche 植树挖穴机	vangatrice scavabuche semovente 自行式植树挖穴机
		vangatrice scavabuche manuale 手扶式植树挖穴机
	vangatrice per alberi 树木移植机	vangatrice per alberi semovente 自行式树木移植机
		vangatrice per alberi trainata 牵引式树木移植机
		vangatrice per alberi sospesa 悬挂式树木移植机
	portatronchi 运树机	portatronchi a tazze multiple trainato 多斗拖挂式运树机
	autocisterna spruzzatrice per alberi multifunzione 绿化喷洒多用车	autocisterna spruzzatrice per alberi multifunzione a pressione idraulica 液力喷雾式绿化喷洒多用车
	falciatrice 剪草机	falciatrice rotativa manuale 手推式旋刀剪草机
		falciatrice con fresa trainata 拖挂式滚刀剪草机
		falciatrice con fresa con conducente a bordo 乘座式滚刀剪草机
		falciatrice con fresa semovente 自行式滚刀剪草机

(续表)

Gruppo/组	Tipo/型	Prodotto/产品
macchina di giardinaggio 园林机械	falciatrice 剪草机	falciatrice con fresa manuale 手推式滚刀剪草机
		falciatrice reciproca semovente 自行式往复剪草机
		falciatrice reciproca manuale 手推式往复剪草机
		falciatrice con barra falciante 甩刀式剪草机
		falciatrice a cuscino d'aria 气垫式剪草机
impianto per divertimento 娱乐设备	vettura per divertimento 车式娱乐设备	vettura piccola 小赛车
		bumper car 碰碰车
		vettura per visita 观览车
		vettura a batteria 电瓶车
		vettura per turisti 观光车
	impianto per divertimento in acqua 水上娱乐设备	barca a batteria 电瓶船
		barca a pedali 脚踏船
		bumper boat 碰碰船
		tronchi 激流勇进船
		yacht 水上游艇
	impianto per divertimento sulla terra 地面娱乐设备	macchina a gettone per divertimento 游艺机
		trampolino 蹦床
		giostra 转马
		carting 风驰电掣

(续表)

Gruppo/组	Tipo/型	Prodotto/产品
impianto per divertimento 娱乐设备	impianto per divertimento in volo 腾空娱乐设备	aerei a rotazione automatica 旋转自控飞机
		razzo verso la luna 登月火箭
		seggiolini volanti 空中转椅
		montagne russe 宇宙旅行
	altri impianti per divertimento 其他娱乐设备	altri impianti per divertimento 其他娱乐设备
altre macchine per la manutenzione e la pulizia urbana 其他市政与环卫机械		

11 macchina per prodotti in calcestruzzo 混凝土制品机械

Gruppo/组	Tipo/型	Prodotto/产品
macchina per produzione dei blocchi in calcestruzzo 混凝土砌块成型机	mobile 移动式	blocchiera slingottatrice mobile idraulica 移动式液压脱模混凝土砌块成型机
		blocchiera slingottatrice mobile meccanica 移动式机械脱模混凝土砌块成型机
		blocchiera slingottatrice mobile maunale 移动式人工脱模混凝土砌块成型机
	fissa 固定式	blocchiera slingottatrice idraulica fissa con stampo vibrante 固定式模振液压脱模混凝土砌块成型机
		blocchiera slingottatrice meccanica fissa con stampo vibrante 固定式模振机械脱模混凝土砌块成型机

(续表)

Gruppo/组	Tipo/型	Prodotto/产品
macchina per produzione dei blocchi in calcestruzzo 混凝土砌块成型机	fissa 固定式	blocchiera slingottatrice manuale fissa con stampo vibrante 固定式模振人工脱模混凝土砌块成型机
		blocchiera slingottatrice idraulica fissa con tavola vibrante 固定式台振液压脱模混凝土砌块成型机
		blocchiera slingottatrice meccanica fissa con tavola vibrante 固定式台振机械脱模混凝土砌块成型机
		blocchiera slingottatrice manuale fissa con tavola vibrante 固定式台振人工脱模混凝土砌块成型机
	multistrato 叠层式	blocchiera slingottatrice multistrato 叠层式混凝土砌块成型机
	stazionaria 分层布料式	blocchiera slingottatrice stazionaria 分层布料式混凝土砌块成型机
impianto completo per la produzione dei blocchi di calcestruzzo 混凝土砌块生产成套设备	automatico 全自动	linea di produzione automatica con tavola vibrante 全自动台振混凝土砌块生产线
		linea di produzione automatica con stampo vibrante 全自动模振混凝土砌块生产线
	semiautomatico 半自动	linea di produzione semiautomatica con tavola vibrante 半自动台振混凝土砌块生产线
		linea di produzione semiautomatica con stampo vibrante 半自动模振混凝土砌块生产线
	semplice 简易式	linea di produzione semplice con tavola vibrante 简易台振混凝土砌块生产线
		linea di produzione semplice con stampo vibrante 简易模振混凝土砌块生产线

（续表）

Gruppo/组	Tipo/型	Prodotto/产品
impianto completo per la produzione di blocchi di calcestruzzo aerato 加气混凝土砌块成套设备	impianto per la produzione di blocchi di calcestruzzo aerato 加气混凝土砌块设备	linea di produzione per la produzione di blocchi di calcestruzzo aerato 加气混凝土砌块生产线
impianto completo per la produzione di blocchi di calcestruzzo espanso 泡沫混凝土砌块成套设备	impianto completo per la produzione di blocchi di calcestruzzo espanso 泡沫混凝土砌块设备	impianto completo per la produzione di blocchi di calcestruzzo espanso 泡沫混凝土砌块生产线
estrusore per la produzione di lastre alveolari in calcestruzzo 混凝土空心板成型机	a vite 挤压式	estrusore a vite a vibrazione esterna monoblocco 外振式单块混凝土空心板挤压成型机
		estrusore a vite a vibrazione esterna a doppio blocco 外振式双块混凝土空心板挤压成型机
		estrusore a vite a vibrazione interna monoblocco 内振式单块混凝土空心板挤压成型机
		estrusore a vite a vibrazione interna a doppio blocco 内振式双块混凝土空心板挤压成型机
	a spinta 推压式	estrusore a spinta a vibrazione esterna monoblocco 外振式单块混凝土空心板推压成型机
		estrusore a spinta a vibrazione esterna a doppio blocco 外振式双块混凝土空心板推压成型机
		estrusore a spinta a vibrazione interna monoblocco 内振式单块混凝土空心板推压成型机
		estrusore a spinta a vibrazione interna a doppio blocco 内振式双块混凝土空心板推压成型机

(续表)

Gruppo/组	Tipo/型	Prodotto/产品
estrusore per la produzione di lastre alveolari in calcestruzzo 混凝土空心板成型机	trascinatore di muffa 拉模式	estrusore trascinatore di muffa semovente a vibrazione esterna 自行式外振混凝土空心板拉模成型机
		estrusore trascinatore di muffa trainato a vibrazione esterna 牵引式外振混凝土空心板拉模成型机
		estrusore trascinatore di muffa sevomente a vibrazione interna 自行式内振混凝土空心板拉模成型机
		estrusore trascinatore di muffa trainato a vibrazione interna 牵引式内振混凝土空心板拉模成型机
macchina per la produzione dei componenti in calcestruzzo 混凝土构件成型机	tavola vibrante 振动台式成型机	tavola vibrante elettrica 电动振动台式混凝土构件成型机
		tavola vibrante pneumatica 气动振动台式混凝土构件成型机
		tavola vibrante senza piedistallo 无台架振动台式混凝土构件成型机
		tavola vibrante orizzontale 水平定向振动台式混凝土构件成型机
		tavola vibrante a impatto 冲击振动台式混凝土构件成型机
		tavola vibrante impulsiva a rulli 滚轮脉冲振动台式混凝土构件成型机
		tavola vibrante combinata multistadio 分段组合振动台式混凝土构件成型机
	stiratrice con disco rotativo 盘转压制式成型机	stiratrice con disco rotativo per componenti in calcestruzzo 混凝土构件盘转压制成型机
	stiratrice a leva 杠杆压制式成型机	stiratrice a leva per componenti in calcestruzzo 混凝土构件杠杆压制成型机
	linea di produzione con piattaforma di lavoro fissa 长线台座式	linea di produzione per componenti di calcestruzzo con piattaforma di lavoro fissa 长线台座式混凝土构件生产成套设备

（续表）

Gruppo/组	Tipo/型	Prodotto/产品
macchina per la produzione dei componenti in calcestruzzo 混凝土构件成型机	linea di produzione combinata con stampo piatto 平模联动式	linea di produzione combinata per componenti di calcestruzzo con stampo piatto 平模联动式混凝土构件生产成套设备
	linea di produzione combinata con gruppi di macchinari 机组联动式	linea di produzione combinata per componenti di calcestruzzo con gruppi macchinari 机组联动式混凝土构件生产成套设备
macchina per la produzione dei tubi di cemento 混凝土管成型机	a centrifuga 离心式	tuberia centrifuga a rullo 滚轮离心式混凝土管成型机
		tuberia centrifuga di tornio 车床离心式混凝土管成型机
	a estrusione 挤压式	tuberia a estrusione a rullo sospeso 悬辊式挤压混凝土管成型机
		tuberia a estrusione verticale 立式挤压混凝土管成型机
		tuberia a vibrazione e estrusione verticale 立式振动挤压混凝土管成型机
macchina per la produzione dei mattoni di cemento 水泥瓦成型机	macchina per la produzione dei mattoni di cemento 水泥瓦成型机	macchina per la produzione dei mattoni di cemento 水泥瓦成型机
macchina per la produzioni dei pannelli murali 墙板成型设备	macchina per la produzioni dei pannelli murali 墙板成型机	macchina per la produzioni dei pannelli murali 墙板成型机
macchina finitrice dei componenti in calcestruzzo 混凝土构件修整机	aspiratore a vuoto 真空吸水装置	aspiratore a vuoto 混凝土真空吸水装置
	tagliablocchi 切割机	tagliablocchi manuale 手扶式混凝土切割机
		tagliablocchi semovente 自行式混凝土切割机
	levigatrice 表面抹光机	levigatrice manuale 手扶式混凝土表面抹光机
		levigatrice semovente 自行式混凝土表面抹光机
	rettificatrice 磨口机	rettificatrice per tubi in calcestruzzo 混凝土管件磨口机

(续表)

Gruppo/组	Tipo/型	Prodotto/产品
macchina per casseforme e accessori 模板及配件机械	laminatoio per casseforme 钢模板轧机	laminatoio continuo per casseforme 钢模版连轧机
		laminatoio per casseforme a costola 钢模板凸棱轧机
	macchina di pulizia per casseforme 钢模板清理机	macchina di pulizia per casseforme 钢模板清理机
	macchina aggiustatrice per casseforme 钢模板校形机	macchina aggiustatrice per casseforme multifunzione 钢模板多功能校形机
	accessori per casseforme 钢模板配件	trafilatrice per piastre a U della cassaforma 钢模板 U 形卡成型机
		raddrizzatrice per tubi d'acciaio della cassaforma 钢模板钢管校直机
altre macchine per prodotti in calcestruzzo 其他混凝土制品机械		

12 macchina di lavoro aerea 高空作业机械

Gruppo/组	Tipo/型	Prodotto/产品
piattaforma di lavoro aerea autocarrata 高空作业车	piattaforma aerea ordinaria 普通型高空作业车	piattaforma aerea a braccio telescopico 伸臂式高空作业车
		piattaforma aerea a braccio articolato 折叠臂式高空作业车
		piattaforma aerea verticale 垂直升降式高空作业车
		piattaforma aerea combinata 混合式高空作业车
	piattaforma aerea per la svettatura 高树剪枝车	piattaforma aerea per la svettatura 高树剪枝车
		piattaforma aerea trainata per la svettatura 拖式高空剪枝车

（续表）

Gruppo/组	Tipo/型	Prodotto/产品
piattaforma di lavoro aerea autocarrata 高空作业车	piattaforma aerea isolata 高空绝缘车	piattaforma aerea isolata con braccio a benna 高空绝缘斗臂车
		piattaforma aerea isolata trainata 拖式高空绝缘车
	impianto di ispezione dei ponti 桥梁检修设备	veicolo di ispezione dei ponti 桥梁检修车
		piattaforma di ispezione dei ponti trainata 拖式桥梁检修平台
	piattaforma aerea per registrazione 高空摄影车	piattaforma aerea per registrazione 高空摄影车
	veicolo di supporto a terra per aviazione 航空地面支持车	veicolo di supporto a terra per aviazione 航空地面支持用升降车
	veicolo per sbrinamento degli aerei e protezione dal ghiaccio 飞机除冰防冰车	veicolo per sbrinamento degli aerei e protezione dal ghiaccio 飞机除冰防冰车
	veicolo di soccorso antincendio 消防救援车	veicolo di soccorso antincendio 高空消防救援车
piattaforma di lavoro aerea 高空作业平台	piattaforma aerea a pantografo 剪叉式高空作业平台	piattaforma aerea fissa a pantografo 固定剪叉式高空作业平台
		piattaforma aerea mobile a pantografo 移动剪叉式高空作业平台
		piattaforma aerea semovente a pantografo 自行剪叉式高空作业平台
	piattaforma aerea a braccio 臂架式高空作业平台	piattaforma aerea fissa a braccio 固定臂架式高空作业平台
		piattaforma aerea mobile a braccio 移动臂架式高空作业平台
		piattaforma aerea semovente a braccio 自行臂架式高空作业平台

(续表)

Gruppo/组	Tipo/型	Prodotto/产品
piattaforma di lavoro aerea 高空作业平台	piattaforma aerea a cilindri telescopici 套筒油缸式高空作业平台	piattaforma aerea fissa a cilindri telescopici 固定套筒油缸式高空作业平台
		piattaforma aerea mobile a cilindri telescopici 移动套筒油缸式高空作业平台
		piattaforma aerea semovente a cilindri telescopici 自行套筒油缸式高空作业平台
	piattaforma aerea a colonna 桅柱式高空作业平台	piattaforma aerea fissa a colonna 固定桅柱式高空作业平台
		piattaforma aerea mobile a colonna 移动桅柱式高空作业平台
		piattaforma aerea semovente a colonna 自行桅柱式高空作业平台
	piattaforma aerea a trave a traliccio 导架式高空作业平台	piattaforma aerea fissa a trave a traliccio 固定导架式高空作业平台
		piattaforma aerea mobile a trave a traliccio 移动导架式高空作业平台
		piattaforma aerea semovente a trave a traliccio 自行导架式高空作业平台
altre macchine per lavoro aeree 其他高空作业机械		

13 macchina per lavorazione edile 装修机械

Gruppo/组	Tipo/型	Prodotto/产品
macchina per la preparazione e la spruzzatura di malta 砂浆制备及喷涂机械	vaglio di sabbia 筛砂机	vaglio di sabbia elettrico 电动式筛砂机
	mescolatore di malta 砂浆搅拌机	miscelatore di malta ad asse orizzontale 卧轴式灰浆搅拌机

（续表）

Gruppo/组	Tipo/型	Prodotto/产品
macchina per la preparazione e la spruzzatura di malta 砂浆制备及喷涂机械	mescolatore di malta 砂浆搅拌机	miscelatore di malta ad asse verticale 立轴式灰浆搅拌机
		miscelatore di malta a tamburo rotativo 筒转式灰浆搅拌机
	pompa di malta 泵浆输送泵	pompa di malta a pistoni con cilindro singolo 柱塞式单缸灰浆泵
		pompa di malta a pistoni con cilindro doppio 柱塞式双缸灰浆泵
		pompa di malta a diaframma 隔膜式灰浆泵
		pompa di malta pneumatica 气动式灰浆泵
		pompa di malta a estrusione 挤压式灰浆泵
		pompa di malta a bullone 螺杆式灰浆泵
	macchina di malta combinata 砂浆联合机	macchina di malta combinata 灰浆联合机
	macchina di trattamento della calce 淋灰机	macchina di trattamento della calce 淋灰机
	miscelatore di malta in canapa e calce 麻刀灰拌和机	miscelatore di malta in canapa e calce 麻刀灰拌和机
macchina di spruzzatura della vernice 涂料喷刷机械	pompa di spruzzatura della malta 喷浆泵	pompa di spruzzatura della malta 喷浆泵
	dispositivo di verniciatura airless 无气喷涂机	spruzzatore per verniciatura airless pneumatico 气动式无气喷涂机
		spruzzatore per verniciatura airless elettrico 电动式无气喷涂机
		spruzzatore per verniciatura airless a combustione interna 内燃式无气喷涂机

(续表)

Gruppo/组	Tipo/型	Prodotto/产品
macchina di spruzzatura della vernice 涂料喷刷机械	dispositivo di verniciatura airless 无气喷涂机	spruzzatore per verniciatura airless ad alta pressione 高压无气喷涂机
	spruzzatore ad aria 有气喷涂机	spruzzatore per verniciatura aspirante 抽气式有气喷涂机
		spruzzatore per verniciatura ad aria a caduta libera 自落式有气喷涂机
	pistola a spruzzo per la finitura in plastica 喷塑机	pistola a spruzzo per la finitura in plastica 喷塑机
	intonacatrice 石膏喷涂机	intonacatrice 石膏喷涂机
macchina per la preparazione e la spruzzatura della vernice 油漆制备及喷涂机械	spruzzatore della vernice 油漆喷涂机	spruzzatore della vernice 油漆喷涂机
	miscelatore dellla vernice 油漆搅拌机	miscelatore dellla vernice 油漆搅拌机
macchina per la finitura della terra 地面修整机械	lucidatrice della superficie del terreno 地面抹光机	lucidatrice della superficie del terreno 地面抹光机
	lucidatrice del pavimento 地板磨光机	lucidatrice del pavimento 地板磨光机
	smerigliatrice per battiscopa 踢脚线磨光机	smerigliatrice per battiscopa 踢脚线磨光机
	smerigliatrice del terreno 地面水磨石机	smerigliatrice monodisco 单盘水磨石机
		smerigliatrice a doppio disco 双盘水磨石机
		smerigliatrice con disco di diamante 金刚石地面水磨石机
	pialla del pavimento 地板刨平机	pialla del pavimento 地板刨平机
	lucidatrice 打蜡机	lucidatrice 打蜡机

（续表）

Gruppo/组	Tipo/型	Prodotto/产品
macchina per la finitura della terra 地面修整机械	macchina di pulizia della terra 地面清除机	macchina di pulizia della terra 地面清除机
	fresatrice per piastrelle 地板砖切割机	fresatrice per piastrelle 地板砖切割机
macchina per il tetto 屋面装修机械	macchina per la verniciatura dell'asfalto 涂沥青机	macchina per la verniciatura dell'asfalto ai tetti 屋面涂沥青机
	macchina per la posa del feltro 铺毡机	macchina per la posa del feltro ai tetti 屋面铺毡机
carrello telescopico per lavoro aereo 高处作业吊篮	carrello telescopico manuale per lavoro aereo 手动式高处作业吊篮	carrello telescopico manuale per lavoro aereo 手动高处作业吊篮
	carrello telescopico pneumatico per lavoro aereo 气动式高处作业吊篮	carrello telescopico pneumatico per lavoro aereo 气动高处作业吊篮
	carrello telescopico elettrico per lavoro aereo 电动式高处作业吊篮	carrello telescopico elettrico per lavoro aereo a cavo 电动爬绳式高处作业吊篮
		carrello telescopico elettrico per lavoro aereo a verricello 电动卷扬式高处作业吊篮
carrello per il lavaggio di vetro 擦窗机	carrello per il lavaggio di vetro gommato 轮毂式擦窗机	carrello telescopico per il lavaggio di vetro gommato 轮毂式伸缩变幅擦窗机
		carrello per il lavaggio di vetro gommato 轮毂式小车变幅擦窗机
		carrello a braccio mobile per il lavaggio di vetro gommato 轮毂式动臂变幅擦窗机
	carrello per il lavaggio di vetro su rotaie fisse 屋面轨道式擦窗机	carrello telescopico per il lavaggio di vetro su rotaie fisse 屋面轨道式伸缩臂变幅擦窗机

(续表)

Gruppo/组	Tipo/型	Prodotto/产品
carrello per il lavaggio di vetro 擦窗机	carrello per il lavaggio di vetro su rotaie fisse 屋面轨道式擦窗机	carrello per il lavaggio di vetro su rotaie fisse 屋面轨道式小车变幅擦窗机
		carrello a braccio mobile per il lavaggio di vetro su rotaie fisse 屋面轨道式动臂变幅擦窗机
	carrello per il lavaggio di vetro su rotaie sospese 悬挂轨道式擦窗机	carrello per il lavaggio di vetro su rotaie sospese 悬挂轨道式擦窗机
	carrello per il lavaggio di vetro con braccio fisso 插杆式擦窗机	carrello per il lavaggio di vetro con braccio fisso 插杆式擦窗机
	carrello per il lavaggio di vetro con scivolo 滑梯式擦窗机	carrello per il lavaggio di vetro con scivolo 滑梯式擦窗机
attrezzatura per lavorazione edile 建筑装修机具	inchiodatrice 射钉机	inchiodatrice 射钉机
	raschiatore 铲刮机	raschiatore elettrico 电动铲刮机
	trancia 开槽机	trancia per calcestruzzo 混凝土开槽机
	tagliatrice per pietre 石材切割机	tagliatrice per pietre 石材切割机
	tagliatrice per profilati 型材切割机	tagliatrice per profilati 型材切割机
	macchina di strippaggio 剥离机	macchina di strippaggio 剥离机
	lucidatrice angolare 角向磨光机	lucidatrice angolare 角向磨光机
	tagliatrice per calcestruzzo 混凝土切割机	tagliatrice per calcestruzzo 混凝土切割机
	scanalatrice per calcestruzzo 混凝土切缝机	scanalatrice per calcestruzzo 混凝土切缝机

(续表)

Gruppo/组	Tipo/型	Prodotto/产品
attrezzatura per lavorazione edile 建筑装修机具	perforatrice per calcestruzzo 混凝土钻孔机	perforatrice per calcestruzzo 混凝土钻孔机
	smerigliatrice 水磨石磨光机	smerigliatrice 水磨石磨光机
	trapano elettrico 电镐	trapano elettrico 电镐
altre macchine per lavorazione edile 其他装修机械	macchina per attaccare la carta da pareti 贴墙纸机	macchina per attaccare la carta da pareti 贴墙纸机
	macchina per il lavaggio di sassi a coclea 螺旋洁石机	macchina per il lavaggio di sassi a coclea singola 单螺旋洁石机
	alesatore 穿孔机	alesatore 穿孔机
	macchina a pressione per la malta di cemento 孔道压浆机	macchina a pressione per la malta di cemento 孔道压浆机器
	piegatubi 弯管机	piegatubi 弯管机
	macchina di taglio e di filettatura dei tubi 管子套丝切断机	macchina di taglio e di filettatura dei tubi 管子套丝切断机
	macchina di piegatura e di filettatura dei tubi 管材弯曲套丝机	macchina di piegatura e di filettatura dei tubi 管材弯曲套丝机
	macchina di smussatura 坡口机	macchina di smussatura elettrica 电动坡口机
	pistola a spruzzo 弹涂机	pistola a spruzzo elettrica 电动弹涂机
	macchina per la vernicatura a rullo 滚涂机	macchina per la vernicatura a rullo elettrica 电动滚涂机

14 macchina per barre di acciaio e precompressione 钢筋及预应力机械

Gruppo/组	Tipo/型	Prodotto/产品
macchina di rinforzo per le barre di acciaio 钢筋强化机械	trafilatrice a freddo per barre d'acciaio 钢筋冷拉机	trafilatrice a freddo a verricello 卷扬机式钢筋冷拉机
		trafilatrice a freddo idraulica 液压式钢筋冷拉机
		trafilatrice a freddo a rullo 滚轮式钢筋冷拉机
	trafilatrice a pressione a freddo per barre d'acciaio 钢筋冷拔机	trafilatrice a pressione a freddo verticale 立式冷拔机
		trafilatrice a pressione a freddo orizzontale 卧式冷拔机
		trafilatrice a pressione a freddo combinata 串联式冷拔机
	laminatoio a freddo per barre d'acciaio 冷轧带肋钢筋成型机	laminatoio a freddo per barre d'acciaio costolate attivo 主动冷轧带肋钢筋成型机
		laminatoio a freddo per barre d'acciaio costolate passivo 被动冷轧带肋钢筋成型机
	macchina di laminazione e torsione a freddo per barre d'acciaio 冷轧扭钢筋成型机	macchina di laminazione e torsione a freddo per barre d'acciaio rettangolari 长方形冷轧扭钢筋成型机
		macchina di laminazione e torsione a freddo per barre d'acciaio quadrate 正方形冷轧扭钢筋成型机
	trafilatrice a pressione a freddo per barre d'acciaio a spirale 冷拔螺旋钢筋成型机	trafilatrice a pressione a freddo per barre d'acciaio quadrate a spirale 方形冷拔螺旋钢筋成型机
		trafilatrice a pressione a freddo per barre d'acciaio tonde a spirale 圆形冷拔螺旋钢筋成型机

(续表)

Gruppo/组	Tipo/型	Prodotto/产品
macchina di produzione delle barre di acciaio (pezzo singolo) 单件钢筋成型机械	tagliatrice per barre di acciaio 钢筋切断机	tagliatrice per barre di acciaio manuale 手持式钢筋切断机
		tagliatrice per barre di acciaio orizzontale 卧式钢筋切断机
		tagliatrice per barre di acciaio verticale 立式钢筋切断机
		tagliatrice per barre di acciaio a mascella 颚剪式钢筋切断机
	linea di taglio per barre di acciaio 钢筋切断生产线	linea di taglio per barre di acciaio a forbici 钢筋剪切生产线
		linea di taglio per barre di acciaio a seghe 钢筋锯切生产线
	raddrizzatrice-tagliatrice per barre di acciaio 钢筋调直切断机	raddrizzatrice-tagliatrice per barre di acciaio meccanica 机械式钢筋调直切断机
		raddrizzatrice-tagliatrice per barre di acciaio idraulica 液压式钢筋调直切断机
		raddrizzatrice-tagliatrice per barre di acciaio pneumatica 气动式钢筋调直切断机
	piegatrice per barre di acciaio 钢筋弯曲机	piegatrice per barre di acciaio meccanica 机械式钢筋弯曲机
		piegatrice per barre di acciaio idraulica 液压式钢筋弯曲机
	linea di piegatura per barre di acciaio 钢筋弯曲生产线	linea di piegatura per barre di acciaio verticale 立式钢筋弯曲生产线
		linea di piegatura per barre di acciaio orizzontale 卧式钢筋弯曲生产线

(续表)

Gruppo/组	Tipo/型	Prodotto/产品
macchina di produzione delle barre di acciaio (pezzo singolo) 单件钢筋成型机械	curvatrice per barre di acciaio 钢筋弯弧机	curvatrice per barre di acciaio meccanica 机械式钢筋弯弧机
		curvatrice per barre di acciaio idraulica 液压式钢筋弯弧机
	curvatrice per barre di acciaio 钢筋弯箍机	curvatrice per barre di acciaio a controllo numerico 数控钢筋弯箍机
	filettatrice per barre di acciaio 钢筋螺纹成型机	filettatrice conica per barre di acciaio 钢筋锥螺纹成型机
		filettatrice dritta per barre di acciaio 钢筋直螺纹成型机
	linea di filettatura 钢筋螺纹生产线	linea di filettatura 钢筋螺纹生产线
	martellatrice per barre di acciaio 钢筋墩头机	martellatrice per barre di acciaio 钢筋墩头机
macchina di produzione dei profili in acciaio 组合钢筋成型机械	macchina di produzione della rete 钢筋网成型机	macchina di saldatura della rete elettrosaldata 钢筋网焊接成型机
	macchina di produzione della gabbia di rinforzo 钢筋笼成型机	macchina di saldatura manuale per gabbia di rinforzo 手动焊接钢筋笼成型机
		macchina di saldatura automatica per gabbia di rinforzo 自动焊接钢筋笼成型机
	macchina di produzione della trave di acciaio 钢筋桁架成型机	macchina di produzione della trave di acciaio meccnica 机械式钢筋桁架成型机
		macchina di produzione della trave di acciaio idraulica 液压式钢筋桁架成型机
macchina per il collegamento delle barre di acciaio 钢筋连接机械	saldatrice per le teste delle barre 钢筋对焊机	saldatrice per le teste delle barre 机械式钢筋对焊机
		saldatrice per le teste delle barre idraulica 液压式钢筋对焊机

(续表)

Gruppo/组	Tipo/型	Prodotto/产品
macchina per il collegamento delle barre di acciaio 钢筋连接机械	saldatrice ad arco elettrico per le barre di acciaio 钢筋电渣压力焊机	saldatrice ad arco elettrico per le barre di acciaio 钢筋电渣压力焊机
	saldatrice a gas inerte 钢筋气压焊机	saldatrice a gas interte chiusa 闭合式气压焊机
		saldatrice a gas interte aperta 敞开式气压焊机
	estrusore a manicotto per barre di acciaio 钢筋套筒挤压机	estrusore a manicotto per barre di acciaio radiale 径向钢筋套筒挤压机
		estrusore a manicotto per barre di acciaio assiale 轴向钢筋套筒挤压机
macchina di precompressione 预应力机械	martellatrice per barra di acciaio precompressa 预应力钢筋墩头器	martellatrice a freddo elettrica 电动冷镦机
		martellatrice a freddo idraulica 液压冷镦机
	tenditore per barra di acciaio precompressa 预应力钢筋张拉机	tenditore meccanico 机械式张拉机
		tenditore idraulico 液压式张拉机
	macchina per il posizionamento delle barre di acciaio precompresse 预应力钢筋穿束机	macchina per posare le barre di acciaio precompresse in tubo 预应力钢筋穿束机
		macchina per il riempimento del tubo in cemento 预应力钢筋灌浆机
	martinetto per barra di acciaio precompressa 预应力千斤顶	martinetti a bloccaggio frontale 前卡式预应力千斤顶
		martinetto continuo 连续式预应力千斤顶
attrezzatura di precompressione 预应力机具	dispositivo di ancoraggio per barra di acciaio precompressa 预应力筋用锚具	dispositivo di ancoraggio per barra di acciaio precompressa a bloccaggio frontale 前卡式预应力锚具
		dispositivo di ancoraggio per barra di acciaio precompressa a foro centrale 穿心式预应力锚具

(续表)

Gruppo/组	Tipo/型	Prodotto/产品
attrezzatura di precompressione 预应力机具	presa per barra di acciaio precompressa 预应力筋用夹具	presa per barra di acciaio precompressa 预应力筋用夹具
	accoppiatore per barra di acciaio precompressa 预应力筋用连接器	accoppiatore per barra di acciaio precompressa 预应力筋用连接器
altre macchine per barre di acciaio e precompressione 其他钢筋及预应力机械		

15 macchina di perforazione 凿岩机械

Gruppo/组	Tipo/型	Prodotto/产品
perforatrice 凿岩机	perforatrice pneumatica manuale 气动手持式凿岩机	perforatrice pneumatica manuale 手持式凿岩机
	perforatrice pneumatica 气动凿岩机	perforatrice pneumatica manuale con asta di supporto 手持气腿两用凿岩机
		perforatrice pneumatica con asta di supporto 气腿式凿岩机
		perforatrice pneumatica ad alta frequenza 气腿式高频凿岩机
		stoper 气动向上式凿岩机
		perforatrice pneumatica con rotaia di guida 气动导轨式凿岩机
		perforatrice pneumatica a rotazione indipendente con rotaia di guida 气动导轨式独立回转凿岩机
	perforatrice a combustione interna manuale 内燃手持式凿岩机	perforatrice a combustione interna manuale 手持式内燃凿岩机

（续表）

Gruppo/组	Tipo/型	Prodotto/产品
perforatrice 凿岩机	perforatrice idraulica 液压凿岩机	perforatrice idraulica manuale 手持式液压凿岩机
		perforatrice idraulica con asta di supporto 支腿式液压凿岩机
		perforatrice idraulica con rotaia di guida 导轨式液压凿岩机
	perforatrice elettrica 电动凿岩机	perforatrice elettrica manuale 手持式电动凿岩机
		perforatrice elettrica con asta di supporto 支腿式电动凿岩机
		perforatrice elettrica con rotaia di guida 导轨式电动凿岩机
perforatrice/ jumbo a cielo aperto 露天钻车钻机	perforatrice pneumatica semi-idraulica cingolata a cielo aperto 气动、半液压履带式露天钻机	perforatrice cingolata a cielo aperto 履带式露天钻机
		perforatrice DTH cingolata a cielo aperto 履带式潜孔露天潜孔钻机
		perforatrice DTH cingolata a cielo aperto a pressione media/ad alta pressione 履带式潜孔露天中压/高压潜孔钻机
	jumbo pneumatico semi-idraulico gommato a cielo aperto 气动、半液压轨轮式露天钻车	jumbo gommato a cielo aperto 轮胎式露天钻车
		jumbo su rotaie a cielo aperto 轨轮式露天钻车
	perforatrice idraulica cingolata 液压履带式钻机	perforatrice idraulica cingolata a cielo aperto 履带式露天液压钻机
		perforatrice idraulica DTH cingolata a cielo aperto 履带式露天液压潜孔钻机
	jumbo idraulico 液压钻车	jumbo idraulico gommato a cielo aperto 轮胎式露天液压钻车
		jumbo idraulico su rotaie a cielo aperto 轨轮式露天液压钻车

（续表）

Gruppo/组	Tipo/型	Prodotto/产品
perforatrice sotterranea/ jumbo sotterraneo 井下钻车钻机	perforatrice pneumatica semi-idraulico cingolata 气动、半液压履带式钻机	perforatrice da miniera cingolata 履带式采矿机
		perforatrice a scudo cingolata 履带式掘进钻机
		perforatrice con asta di guida cingolata 履带式锚杆钻机
	jumbo semi-idraulico pneumatico 气动、半液压式钻车	jumbo da miniera/a scudo/con asta di guida gommato 轮胎式采矿/掘进/锚杆钻车
		jumbo da miniera/a scudo/con asta di guida su rotaie 轨轮式采矿/掘进/锚杆钻车
	perforatrice idraulica cingolata 全液压履带式钻机	perforatrice idraulica da miniera/a scudo/con asta di guida cingolata 履带式液压采矿/掘进/锚杆钻机
	jumbo idraulico 全液压钻车	jumbo idraulico da miniera/a scudo/con asta di guida gommato 轮胎式液压采矿/掘进/锚杆钻车
		jumbo idraulico da miniera/a scudo/con asta di guida su rotaie 轨轮式液压采矿/掘进/锚杆钻车
martello pneumatico a fondo foro 气动潜孔冲击器	martello DTH a bassa pressione 低气压潜孔冲击器	martello DTH 潜孔冲击器
	martello DTH a pressione media/ad alta pressione 中、高气压潜孔冲击器	martello DTH a pressione media/ad alta pressione 中压/高压潜孔冲击器
attrezzatura ausiliaria per la perforazione 凿岩辅助设备	asta di supporto 支腿	asta di supporto ad aria compressa/ad acqua/a olio/manuale 气腿/水腿/油腿/手摇式支腿
	telaio a colonna 柱式钻架	telaio a colonna singola/doppia 单柱式/双柱式钻架
	telaio a disco 圆盘式钻架	telaio a disco/a ombrello/circolare 圆盘式/伞式/环形钻架
	altre 其他	collettore di polvere, oilatore, affilatrice per scalpelli 集尘器、注油器、磨钎机

(续表)

Gruppo/组	Tipo/型	Prodotto/产品
altre macchine di perforazione 其他凿岩机械		

16 utensile pneumatico 气动工具

Gruppo/组	Tipo/型	Prodotto/产品
utensile peumatico girevole 回转式气动工具	penna per incisione 雕刻笔	penna per incisione pneumatica 气动雕刻笔
	trapano pneumatico 气钻	trapano pneomatico con manigla dritta/a pistola/con maniglia laterale/combinato/craniotomo/odontoiatrico 直柄式/枪柄式/侧柄式/组合用气钻/气动开颅钻/气动牙钻
	maschiatrice 攻丝机	maschiatrice pneumatica con manigla dritta/a pistola/con maniglia laterale 直柄式/枪柄式/组合用气动攻丝机
	smerigliatrice 砂轮机	smerigliatrice con maniglia diritta/angolare/frontale/combinata/spazzola pneumatica con maniglia dritta 直柄式/角向/端面式/组合气动砂轮机/直柄式气动钢丝刷
	lucidatrice 抛光机	lucidatrice frontale/circolare/angolare 端面/圆周/角向抛光机
	levigatrice 磨光机	levigatrice frontale/circolare/reciproca/a nastro/a piastra/a piatto scorrevole 端面/圆周/往复式/砂带式/滑板式/三角式气动磨光机
	fresa 铣刀	fresa pneumatica/angolare 气铣刀/角式气铣刀
	sega pneumatica 气锯	sega pneumatica a nastro/a nastro oscillante/a disco/a catena 带式/带式摆动/圆盘式/链式气锯
		sega pneumatica a denti stretti 气动细锯
	cesoia 剪刀	cesoia pneumatica/punzonatrice-cesoia pneumatica 气动剪切机/气动冲剪机

(续表)

Gruppo/组	Tipo/型	Prodotto/产品
utensile peumatico girevole 回转式气动工具	avvitatore a impulsi pneumatico 气螺刀	avvitatore a impulsi pneumatico con maniglia dritta/a pistola/angolarc 直柄式/枪柄式/角式失速型气螺刀
	chiave pneumatica 气扳机	chiave pneumatica con maniglia a pistola angolare/a frizione/a spegnimento automatico a torsione 枪柄式失速型/离合型/自动关闭型纯扭气扳机
		chiave pneumatica angolare/a frizione a torsione 角式失速型/离合型纯扭气扳机
		chiave pneumatica a cricchetto/a due velocità/combinata a torsione 棘轮式/双速型/组合式全扭气扳机
		chiave pneumatica con manico a ganasce aperte/a ganasce chiuse a torsione 开口爪型套筒/闭口爪型套筒纯扭气扳机
		chiave pneumatica a bullone pneumatico 气动螺柱气扳机
		chiave pneumatica a torsione fissa con maniglia dritta 直柄式/直柄式定扭矩气扳机
		chiave pneumatica con batteria 储能型气扳机
		chiave pneumatica ad alta velocità con maniglia dritta 直柄式高速气扳机
		chiave pneumatica a pistola/a pistola a torsione fissa/a pistola ad alta velocità 枪柄式/枪柄式定扭矩/枪柄式高速气扳机
		chiave pneumatica angolare/angolare a torsione fissa/angolare ad alta velocità 角式/角式定扭矩/角式高速气扳机
		chiave pneumatica combinata 组合式气扳机

(续表)

Gruppo/组	Tipo/型	Prodotto/产品
utensile peumatico girevole 回转式气动工具	chiave pneumatica 气扳机	chiave ad impulsi pneumatica con maniglia dritta/a pistola/angolare/di controllo elettrico 直柄式/枪柄式/角式/电控型脉冲气扳机
	vibratore 振动器	vibratore pneumatico girevole 回转式气动振动器
utensile pneumatico a impatto 冲击式气动工具	rivettatrice 铆钉机	rivettatrice pneumatica con maniglia dritta/curva/a pistola 直柄式/弯柄式/枪柄式气动铆钉机
		chiodatrice/rivettatrice pneumatica 气动拉铆钉机/压铆钉机
	inchiodatrice 打钉机	chiodatrice pneumatica/per chiodi a striscia/per chiodi ad U(chiodi cambrette) 气动打钉机/条形钉/U 型钉气动打钉机
	cucitrice 订合机	cucitrice pneumatica 气动订合机
	piegatrice 折弯机	piegatrice 折弯机
	stampante 打印器	stampante 打印器
	pinza 钳	pinza pneumatica/pinza idraulica 气动钳/液压钳
	macchina spaccapietra 劈裂机	macchina spaccapietra pneumatica/idraulica 气动/液压劈裂机
	allargatore 扩张器	allargatore idraulico 液压扩张机
	forbici idrauliche 液压剪	forbici idrauliche 液压剪
	miscelatore 搅拌机	miscelatore pneumatico 气动搅拌机
	legatrice 捆扎机	legatrice pneumatica 气动捆扎机
	sigillatrice 封口机	sigillatrice pneumatica 气动封口机

(续表)

Gruppo/组	Tipo/型	Prodotto/产品
utensile pneumatico a impatto 冲击式气动工具	martello di frantumazione 破碎锤	martello di frantumazione pneumatico 气动破碎锤
	trapano 镐	trapano pneumatico/trapano idraulico/trapano a combustione interna/trapano elettrico 气镐、液压镐、内燃镐、电动镐
	paletta pneumatica 气铲	paletta pneumatica con maniglia dritta/curva/anulare/paletta per pietre 直柄式/弯柄式/环柄式气铲/铲石机
	rincalzatrice ferroviaria 捣固机	rincalzatrice ferroviaria pneumatica/per traversina/costipatrice 气动捣固机/枕木捣固机/夯土捣固机
	lima 锉刀	lima rotativa/alternativa/a rotazione alternativa/a rotazione oscillante 旋转式/往复式/旋转往复式/旋转摆动式气锉刀
	pala 刮刀	pala pneumatica/pala pneumatica oscillante 气动刮刀/气动摆动式刮刀
	scolpitrice 雕刻机	scolpitrice pneumatica rotativa 回转式气动雕刻机
	macchina di irruvidimento 凿毛机	macchina di irruvidimento pneumatica 气动凿毛机
	vibratore 振动器	asta vibrante pneumatica 气动振动棒
		vibratore a impatto 冲击式振动器
altre macchine pneumatiche 其他气动机械	motore pneumatico 气动马达	motore pneumatico a palette 叶片式气动马达
		motore pneumatico a pistoni/assiale a pistoni 活塞式/轴向活塞式气动马达
		motore pneumatico ad ingranaggi 齿轮式气动马达
		motore pneumatico a turbina 透平式气动马达

(续表)

Gruppo/组	Tipo/型	Prodotto/产品
altre macchine pneumatiche 其他气动机械	pompa pneumatica 气动泵	pompa pneumatica 气动泵
		pompa a diaframma pneumatica 气动隔膜泵
	paranco pneumatico 气动吊	paranco pneumatico continuo a catena/corda 环链式/钢绳式气动吊
	verricello/argano pneumatico 气动绞车/绞盘	verricello/argano pneumatico 气动绞车
	battipalo/estrattore pneumatico 气动桩机	battipalo/estrattore pneumatico 气动打桩机/拔桩机
altre attrezzature pneumatiche 其他气动工具		

17 macchina da cantiere per usi militari 军用工程机械

Gruppo/组	Tipo/型	Prodotto/产品
macchine stradali 道路机械	veicolo da costruzione corazzato 装甲工程车	veicolo da costruzione corazzato cingolato 履带式装甲工程车
		veicolo da costruzione corazzato gommato 轮式装甲工程车
	veicolo da costruzione multifunzione 多用工程车	veicolo da costruzione multifunzione cingolato 履带式多用工程车
		veicolo da costruzione multifunzione gommato 轮式多用工程车
	bulldozer 推土机	bulldozer cingolato 履带式推土机
		bulldozer gommato 轮式推土机
	caricatore 装载机	caricatore gommato 轮式装载机

(续表)

Gruppo/组	Tipo/型	Prodotto/产品
macchine stradali 道路机械	caricatorc 装载机	caricatore compatto 滑移装载机
	livellatrice 平地机	livellatrice semovente 自行式平地机
	rullo compressore 压路机	rullo compressore vibrante 振动式压路机
		rullo compressore statico 静作用式压路机
	spazzaneve 除雪机	spazzaneve con attrezzature rotative 轮子式除雪机
		spazzaneve con aratro 犁式除雪机
macchina per la fortificazione sul campo battaglia 野战筑城机械	scavafossi 挖壕机	scavafossi cingolato 履带式挖壕机
		scavafossi gommato 轮式挖壕机
	scavabuche 挖坑机	scavabuche cingolato 履带式挖坑机
		scavabuche gommato 轮式挖坑机
	escavatore 挖掘机	escavatore cingolato 履带式挖掘机
		escavatore gommato 轮式挖掘机
		escavatore da montagna 山地挖掘机
	macchine per lavori sul campo 野战工事作业机械	veicolo di operazione sul campo 野战工事作业车
		veicolo di operazione da montagna e giungla 山地丛林作业机
	macchina di perforazione 钻孔机具	perforatrice per il terreno 土钻
		perforatrice rapida 快速成孔钻机
	macchina per la lavorazione del terreno ghiacciato 冻土作业机械	scavafossi meccanico-ad esplosione 机-爆式挖壕机
		perforatrice per il terreno ghiacciato 冻土钻井机

（续表）

Gruppo/组	Tipo/型	Prodotto/产品
macchina per la fortificazione permanente 永备筑城机械	perforatrice 凿岩机	perforatrice 凿岩机
		jumbo di perforazione 凿岩台车
	compressore d'aria 空压机	compressore d'aria con motore elettrico 电动机式空压机
		compressore d'aria a combustione interna 内燃机式空压机
	macchina di ventilazione per tunnel 坑道通风机	macchina di ventilazione per tunnel 坑道通风机
	TBM per tunnel 坑道联合掘进机	TBM per tunnel 坑道联合掘进机
	caricatore di roccia per tunnel 坑道装岩机	caricatore di roccia cingolato 坑道式装岩机
		caricatore di roccia gommato 轮胎式装岩机
	macchina per il rivestimento del tunnel 坑道被覆机械	carrello di cassaforma in acciaio 钢模台车
		macchina di versamento della miscela di calcestruzzo 混凝土浇注机
		macchina per la proiezione di calcestruzzo 混凝土喷射机
	frantoio di pietre 碎石机	frantoio a mascelle 颚式碎石机
		frantoio a cono 圆锥式碎石机
		frantoio a rulli 辊式碎石机
		frantoio a martelli 锤式碎石机
	vaglio 筛分机	vaglio a tamburo 滚筒式筛分机

(续表)

Gruppo/组	Tipo/型	Prodotto/产品
macchina per la fortificazione permanente 永备筑城机械	miscelatore di asfalto 混凝土搅拌机	betonicra ribaltabile 倒翻式凝土搅拌机
		betoniera inclinabile 倾斜式凝土搅拌机
		betoniera girevole 回转式凝土搅拌机
	macchina per la lavorazione di barre di acciaio 钢筋加工机械	tagliatrice-raddrizzatrice per barre d'acciaio 直筋-切筋机
		piegatrice per barre di acciaio 弯筋机
	macchina per la lavorazione di legno 木材加工机械	sega motorizzata 摩托锯
		sega a disco 圆锯机
macchina per terreni minati 布、探、扫雷机械	macchina posamine 布雷机械	veicolo posamine cingolato 履带式布雷车
		veicolo posamine gommato 轮胎式布雷车
	macchina per l'individuazione delle mine 探雷机械	veicolo per l'individuazione delle mine 道路探雷车
	macchina per sminamento 扫雷机械	veicolo per sminamento meccainco 机械式扫雷车
		veicolo per sminamento combinato 综合式扫雷车
macchina gettaponte 架桥机械	macchina gettaponte 架桥作业机械	veicolo gettaponte 架桥作业车
	ponte meccanizzato 机械化桥	ponte meccanizzato cingolato 履带式机械化桥
		ponte meccanizzato gommato 轮胎式机械化桥
	battipalo 打桩机械	battipalo 打桩机

(续表)

Gruppo/组	Tipo/型	Prodotto/产品
macchina di alimentazione idraulica sul campo di battaglia 野战给水机械	veicolo per il fonte d'acqua 水源侦察车	veicolo per il fonte d'acqua 水源侦察车
	perforatrice di pozzi 钻井机	perforatrice di pozzi girevole 回转式钻井机
		perforatrice di pozzo a impatto 冲击式钻井机
	macchina di pompaggio dell'acqua 汲水机械	pompa dell'acqua a combustione interna 内燃抽水机
		pompa dell'acqua elettrica 电动抽水机
	depuratore d'acqua 净水机械	carrello depuratore d'acqua semovente 自行式净水车
		carrello depuratore d'acqua trainato 拖式净水车
macchia per camuffamento 伪装机械	veicolo di ispezione-misurazione camuffato 伪装勘测车	veicolo di ispezione-misurazione camuffato 伪装勘测车
	veicolo di operazione camuffato 伪装作业车	veicolo camuffato 迷彩作业车
		veicolo target finto 假目标制作车
		veicolo(di lavoro aereo) per il blocco della vista 遮障(高空)作业车
veicolo per lavori di manutenzione 保障作业车辆	centrale elettrica mobile 移动式电站	centrale elettrica mobile semovente 自行式移动式电站
		centrale elettrica mobile trainata 拖式移动式电站
	veicolo per la lavorazione di metallo e di legno 金木工程作业车	veicolo per la lavorazione di metallo e di legno 金木工程作业车
	macchina di sollevamento 起重机械	autogrù 汽车起重机
		gru gommata 轮胎式起重机

(续表)

Gruppo/组	Tipo/型	Prodotto/产品
veicolo per lavori di manutenzione 保障作业车辆	veicolo di manutenzione idraulico 液压检修车	veicolo di manutenzione idraulico 液压检修车
	veicolo di riparazione delle macchine edili 工程机械修理车	veicolo di riparazione delle macchine edili 工程机械修理车
	trattore ad uso specifico 专用牵引车	trattore ad uso specifico 专用牵引车
	auto per alimentazione elettrica 电源车	auto per alimentazione elettrica 电源车
	auto per alimentazione di gas 气源车	auto per alimentazione di gas 气源车
altre macchine per usi militari 其他军用工程机械		

18 ascensore e scala mobile 电梯及扶梯

Gruppo/组	Tipo/型	Prodotto/产品
ascensore 电梯	ascensore per passeggeri 乘客电梯	ascensore per passeggeri con motore AC 交流乘客电梯
		ascensore per passeggeri con motore DC 直流乘客电梯
		ascensore per passeggeri idraulico 液压乘客电梯
	montacarichi 载货电梯	montacarichi con motore AC 交流载货电梯
		montacarichi idraulico 液压载货电梯
	ascensore per passeggeri e merci 客货电梯	ascensore per passeggeri e merci con motore AC 交流客货电梯

(续表)

Gruppo/组	Tipo/型	Prodotto/产品
ascensore 电梯	ascensore per passeggeri e merci 客货电梯	ascensore per passeggeri e merci con motore DC 直流客货电梯
		ascensore per passeggeri e merci idraulico 液压客货电梯
	ascensore portaletti 病床电梯	ascensore portaletti con motore AC 交流病床电梯
		ascensore portaletti idraulico 液压病床电梯
	ascensore ad usi residenziali 住宅电梯	ascensore ad usi residenziali con motore AC 交流住宅电梯
	montacarichi per piccoli pesi 杂物电梯	montacarichi per piccoli pesi con motore AC 交流杂物电梯
	ascensore panoramico 观光电梯	ascensore panoramico con motore AC 交流观光电梯
		ascensore panoramico con motore DC 直流观光电梯
		ascensore panoramico idraulico 液压观光电梯
	ascensore di bordo per navi 船用电梯	ascensore di bordo per navi con motore AC 交流船用电梯
		ascensore di bordo per navi idraulico 液压船用电梯
	ascensore per veicoli 车辆用电梯	ascensore per veicoli con motore AC 交流车辆用电梯
		ascensore per veicoli idraulico 液压车辆用电梯
	ascensore antiesplosione 防爆电梯	ascensore antiesplosione 防爆电梯
scala mobile 自动扶梯	scala mobile ordinaria 普通型自动扶梯	scala mobile ordinaria a catena 普通型链条式自动扶梯
		scala mobile ordinaria a cremagliera 普通型齿条式自动扶梯

(续表)

<table>
<tr><th>Gruppo/组</th><th>Tipo/型</th><th>Prodotto/产品</th></tr>
<tr><td rowspan="3">scala mobile
自动扶梯</td><td rowspan="2">scala mobile per il trasporto pubblico
公共交通型自动扶梯</td><td>scala mobile per il trasporto pubblico a catena
公共交通型链条式自动扶梯</td></tr>
<tr><td>scala mobile per il trasporto pubblico a cremagliera
公共交通型齿条式自动扶梯</td></tr>
<tr><td>scala mobile a spirale
螺旋形自动扶梯</td><td>scala mobile a spirale
螺旋形自动扶梯</td></tr>
<tr><td rowspan="4">marciapiede mobile
自动人行道</td><td rowspan="2">marciapiede mobile ordinario
普通型自动人行道</td><td>marciapiede mobile ordinario a pattine
普通型踏板式自动人行道</td></tr>
<tr><td>marciapiede mobile ordinario a nastro e rulli
普通型胶带滚筒式自动人行道</td></tr>
<tr><td rowspan="2">marciapiede mobile per il trasporto pubblico
公共交通型自动人行道</td><td>marciapiede mobile trasporto pubblico a pattine
公共交通型踏板式自动人行道</td></tr>
<tr><td>marciapiede mobile trasporto pubblico a nastro e rulli
公共交通型胶带滚筒式自动人行道</td></tr>
<tr><td>altri tipi di ascensori e scale mobili
其他电梯及扶梯</td><td></td><td></td></tr>
</table>

19 accessori e ricambi per macchine da cantiere 工程机械配套件

<table>
<tr><th>Gruppo/组</th><th>Tipo/型</th><th>Prodotto/产品</th></tr>
<tr><td rowspan="4">sistema di alimentazione
动力系统</td><td rowspan="4">motore a combustione interna
内燃机</td><td>motore a diesel
柴油发动机</td></tr>
<tr><td>motore a benzina
汽油发动机</td></tr>
<tr><td>motore a gas
燃气发动机</td></tr>
<tr><td>motore a doppia potenza
双动力发动机</td></tr>
</table>

(续表)

Gruppo/组	Tipo/型	Prodotto/产品
sistema di alimentazione 动力系统	gruppo di batteria di potenza 动力蓄电池组	gruppo di batteria di potenza 动力蓄电池组
	accessori 附属装置	radiatore ad acqua(serbatoio di acqua) 水散热箱(水箱)
		radiatore dell'olio 机油冷却器
		ventola di raffreddamento 冷却风扇
		serbatoio della combustione 燃油箱
		turbocompressore 涡轮增压器
		filtro dell'aria 空气滤清器
		filtro dell'olio 机油滤清器
		filtro del diesel 柴油滤清器
		assieme dello scappamento(cuffia insonorizzante) 排气管(消声器)总成
		compressore d'aria 空气压缩机
		generatore 发电机
		motore di avviamento 启动马达
sistema di trasmissione 传动系统	frizione 离合器	frizione a secco 干式离合器
		frizione a bagno d'olio 湿式离合器
	convertitore di coppia 变矩器	convertitore di coppia idraulico 液力变矩器
		accoppiatore idraulico 液力耦合器

(续表)

Gruppo/组	Tipo/型	Prodotto/产品
sistema di trasmissione 传动系统	trasmissione 变速器	trasmissione meccanica 机械式变速器
		trasmissione power shift 动力换挡变速器
		trasmissione elettroidraulica 电液换挡变速器
	motore di azionamento 驱动电机	motore a DC 直流电机
		motore a AC 交流电机
	dispositivo dell'albero di trasmissione 传动轴装置	albero di trasmissione 传动轴
		giunto 联轴器
	asse motore 驱动桥	asse motore 驱动桥
	riduttore 减速器	trasmissione finale 终传动
		riduttore delle ruote 轮边减速
dispositivo di tenuta idraulico 液压密封装置	cilindro 油缸	cilindro a pressione media e bassa 中低压油缸
		cilindro ad alta pressione 高压油缸
		cilindro a pressione ultraalta 超高压油缸
	pompa idraulica 液压泵	pompa a ingranaggio 齿轮泵
		pompa a palette 叶片泵
		pompa a pistoni 柱塞泵
	motore idraulico 液压马达	motore a ingranaggio 齿轮马达
		motore a palette 叶片马达
		motore a pistoni 柱塞马达

(续表)

Gruppo/组	Tipo/型	Prodotto/产品
dispositivo di tenuta idraulico 液压密封装置	valvola idraulica 液压阀	valvola a direzione multipla idraulica 液压多路换向阀
		valvola pressostatica 压力控制阀
		valvola di controllo del flusso 流量控制阀
		valvola pilota idraulica 液压先导阀
	riduttore idraulico 液压减速机	riduttore dell'avanzamento 行走减速机
		riduttore girevole 回转减速机
	accumulatore 蓄能器	accumulatore 蓄能器
	corpo rotativo centrale 中央回转体	corpo rotativo centrale 中央回转体
	tubi idraulici 液压管件	tubo ad alta pressione 高压软管
		tubo a bassa pressione 低压软管
		tubo per alta temperatura a bassa pressione 高温低压软管
		tubo di collegamento idraulico in metallo 液压金属连接管
		giunto per tubo idraulico 液压管接头
	accessori del sistema idraulico 液压系统附件	filtro dell'olio idraulico 液压油滤油器
		raffreddatore dell'olio idraulico 液压油散热器
		serbatoio dell' olio idraulico 液压油箱
	dispositivo di tenuta 密封装置	paraolio galleggiante 动油封件
		dispositivo di tenuta fissa 固定密封件

（续表）

Gruppo/组	Tipo/型	Prodotto/产品
sistema di frenatura 制动系统	recipiente di gas 贮气筒	recipiente di gas 贮气筒
	valvola pneumatica 气动阀	valvola direzionale pneumatica 气动换向阀
		valvola pressostatica pneumatica 气动压力控制阀
	pompa postcombustione 加力泵总成	pompa postcombustione 加力泵总成
	tubi di frenatura ad aria compressa 气制动管件	tubo flessibile pneumatico 气动软管
		tubo pneumatico in metallo 气动金属管
		giunto per tubo pneumatico 气动管接头
	separatore olio/acqua 油水分离器	separatore olio/acqua 油水分离器
	pompa di frenatura 制动泵	pompa di frenatura 制动泵
	freno 制动器	freno di stazionamento 驻车制动器
		freno a disco 盘式制动器
		freno a nastro 带式制动器
		freno a disco a umido 湿式盘式制动器
dispositivo di avanzamento 行走装置	assieme della gomma 轮胎总成	gomma solida 实心轮胎
		gomma pneumatica 充气轮胎
	assieme del cerchione 轮辋总成	assieme del cerchione 轮辋总成
	catene da neve 轮胎防滑链	catene da neve 轮胎防滑链
	assieme del cingolo 履带总成	assieme del cingolo ordinario 普通履带总成

（续表）

Gruppo/组	Tipo/型	Prodotto/产品
dispositivo di avanzamento 行走装置	assieme del cingolo 履带总成	assieme del cingolo a nastro 湿式履带总成
		assieme del cingolo di gomma 橡胶履带总成
		assieme dei cingoli combinati 三联履带总成
	quattro ruote 四轮	assieme del rullo di appoggio 支重轮总成
		assieme del rullo portante 拖链轮总成
		assieme della ruota di guida 引导轮总成
		assieme della ruota motrice 驱动轮总成
	assieme del tenditore del cingolo 履带张紧装置总成	assieme del tenditore del cingolo 履带张紧装置总成
sistema di sterzo 转向系统	sterzo 转向器总成	sterzo 转向器总成
	asse dello sterzo 转向桥	asse dello sterzo 转向桥
	dispositivo di controllo dello sterzo 转向操作装置	dispositivo di controllo dello sterzo 转向装置
telaio e dispositivo di operazione 车架及工作装置	telaio 车架	telaio 车架
		cuscinetto di vuotamento 回转支撑
		cabina 驾驶室
		assieme del sedile dell'operatore 司机座椅总成
	dispositivo di operazione 工作装置	braccio 动臂
		asta 斗杆
		benna 铲/挖斗

(续表)

Gruppo/组	Tipo/型	Prodotto/产品
telaio e dispositivo di operazione 车架及工作装置	dispositivo di operazione 工作装置	dente della benna 斗齿
		lama 刀片
	contrappeso 配重	contrappeso 配重
	telaio a portale 门架系统	portale 门架
		catena 链条
		forca 货叉
	dispositivo di sollevamento 吊装装置	gancio 吊钩
		braccio 臂架
	dispositivo vibrante 振动装置	dispositivo vibrante 振动装置
apparecchio elettrico 电器装置	assieme del sistema di controllo elettronico 电控系统总成	assieme del sistema di controllo elettronico 电控系统总成
	assieme del quadro strumenti 组合仪表总成	assieme del quadro strumenti 组合仪表总成
	assieme del monitor 监控器总成	assieme del monitor 监控器总成
	strumento 仪表	cronometro 计时表
		tachimetro 速度表
		termometro 温度表
		manometro olio 油压表
		barometro 气压表
		indicatore del livello dell'olio 油位表

(续表)

Gruppo/组	Tipo/型	Prodotto/产品
apparecchio elettrico 电器装置	strumento 仪表	amperometro 电流表
		voltmetro 电压表
	allarme 报警器	allarme di avanzamento 行车报警器
		allarme di retromarcia 倒车报警器
	lampada 车灯	lampada di illuminazione 照明灯
		indicatore di svolta 转向指示灯
		indicatore di frenatura 刹车指示灯
		faro fendinebbia 雾灯
		plafoniera della cabina di guida 司机室顶灯
	aria condizionatore 空调器	aria condizionatore 空调器
	riscaldatore 暖风机	riscaldatore 暖风机
	ventilatore elettrico 电风扇	ventilatore elettrico 电风扇
	spazzola del tergicristallo 刮水器	spazzola del tergicristallo 刮水器
	batteria 蓄电池	batteria 蓄电池
accessori specifici 专用属具	martello idraulico 液压锤	martello idraulico 液压锤
	cesoia idraulica 液压剪	cesoia idraulica 液压剪
	morsetto idraulico 液压钳	morsetto idraulico 液压钳
	scarificatore 松土器	scarificatore 松土器

(续表)

Gruppo/组	Tipo/型	Prodotto/产品
accessori specifici 专用属具	morsa per tronchi 夹木叉	morsa per tronchi 夹木叉
	accessori specifici per transpallet 叉车专用属具	accessori specifici per transpallet 叉车专用属具
	altri accessori specifici 其他属具	altri accessori specifici 其他属具
altri accessori e ricambi 其他配套件		

20 altre macchine per costruzioni specifiche 其他专用工程机械

Gruppo/组	Tipo/型	Prodotto/产品
macchina da cantiere per centrali elettriche 电站专用工程机械	gru a torre con asta di appoggio ad A 扳起式塔式起重机	gru a torre con asta di appoggio ad A per centrali elettriche 电站专用扳起式塔式起重机
	gru a torre automontante 自升式塔式起重机	gru a torre automontante per centrali elettriche 电站专用自升塔式起重机
	gru per caldaia 锅炉炉顶起重机	gru per caldaia nelle centrali elettriche 电站专用锅炉炉顶起重机
	gru a portale girevole 门座起重机	gru a portale girevole per centrali elettriche 电站专用门座起重机
	gru cingolata 履带式起重机	gru cingolata per centrali elettriche 电站专用履带式起重机
	gru a cavalletto 龙门式起重机	gru a cavalletto per centrali elettriche 电站专用龙门式起重机
	gru a cavo 缆索起重机	gru a cavo per centrali elettriche 电站专用平移式高架缆索起重机
	dispositivo di sollevamento 提升装置	dispositivo di sollevamento idraulico a cavo per centrali elettriche 电站专用钢索液压提升装置

（续表）

Gruppo/组	Tipo/型	Prodotto/产品
macchina da cantiere per centrali elettriche 电站专用工程机械	elevatore da cantiere 施工升降机	elevatore per centrali elettriche 电站专用施工升降机
		elevatore con telaio di guida curvo 曲线施工电梯
	impianto di miscelazione di calcestruzzo 混凝土搅拌楼	impianto di miscelazione di calcestruzzo per centrali elettriche 电站专用混凝土搅拌楼
	centrale di miscelazione di calcestruzzo 混凝土搅拌站	centrale di miscelazione di calcestruzzo per centrali elettriche 电站专用混凝土搅拌站
	distributore a nastro a torre 塔带机	distributore a nastro a torre 塔式皮带布料机
macchina da cantiere per la costruzione e manutenzione delle ferrovie 轨道交通施工与养护工程机械	macchina per la costruzione del ponte 架桥机	macchina per la costruzione del ponte con trave a cassone di calcestruzzo per ferrovie ad alta velocità 高速客运专线混凝土箱梁架桥机
		macchina per la costruzione del ponte con trave a cassone di calcestruzzo senza trave di guida per ferrovie ad alta velocità 高速客运专线无导梁式混凝土箱梁架桥机
		macchina per la costruzione del ponte con trave a cassone di calcestruzzo con trave di guida per ferrovie ad alta velocità 高速客运专线导梁式混凝土箱梁架桥机
		macchina per la costruzione del ponte con trave a cassone di calcestruzzo con trave di guida in basso per ferrovie ad alta velocità 高速客运专线下导梁式混凝土箱梁架桥机
		macchina per la costruzione del ponte con trave a cassone di calcestruzzo a spostamento su rotaie per ferrovie ad alta velocità 高速客运专线轮轨走行移位式混凝土箱梁架桥机

(续表)

Gruppo/组	Tipo/型	Prodotto/产品
macchina da cantiere per la costruzione e manutenzione delle ferrovie 轨道交通施工与养护工程机械	macchina per la costruzione del ponte 架桥机	macchina per la costruzione del ponte con trave a cassone di calccstruzzo a spostamento con ruote solide per ferrovie ad alta velocità 实胶轮走行移位式混凝土箱梁架桥机
		macchina per la costruzione del ponte con trave a cassone di calcestruzzo a spostamento combinato per ferrovie ad alta velocità 混合走行移位式混凝土箱梁架桥机
		macchina per la costruzione del ponte con trave a doppio cassone di calcestruzzo per gallerie delle ferrovie ad alta velocità 高速客运专线双线箱梁过隧道架桥机
		macchina per la costruzione del ponte con trave a forma T per ferrovie ordinarie 普通铁路 T 梁架桥机
		macchina per la costruzione del ponte con trave a forma T per ferrovie ordinarie e autostrade 普通铁路公铁两用 T 梁架桥机
	vagone per il trasporto di travi 运梁车	vagone gommato per il trasporto di travi a doppio cassone di calcestruzzo per ferrovie ad alta velocità 高速客运专线混凝土箱梁双线箱梁轮胎式运梁车
		vagone gommato per il trasporto di travi a doppio cassone per gallerie delle ferrovie ad alta velocità 高速客运专线过隧道双线箱梁轮胎式运梁车
		vagone gommato per il trasporto di travi a cassone per ferrovie ad alta velocità 高速客运专线单线箱梁轮胎式运梁车
		vagone su rotaie per il trasporto di travi a forma T per ferrovie ordinarie 普通铁路轨行式 T 梁运梁车

(续表)

Gruppo/组	Tipo/型	Prodotto/产品
macchina da cantiere per la costruzione e manutenzione delle ferrovie 轨道交通施工与养护工程机械	macchina per sollevare le travi sul campo 梁场用提梁机	macchina per sollevare le travi gommata 轮胎式提梁机
		macchina per sollevare le travi su rotaie 轮轨式提梁机
	impianto della pavimentazione della sovrastruttura 轨道上部结构制运铺设备	impianto di pavimentazione delle rotaie lunghe montate su traversine singole sulla massicciata 有砟线路长轨单枕法运铺设备
		impianto di pavimentazione delle rotaie senza massicciata 无砟轨道系统制运铺设备
		impianto di pavimentazione delle rotaie montate su piastre senza massicciata 无砟板式轨道系统制运铺设备
	impianto per la manutenzione della massicciata 道砟设备养护用设备系列	veicolo di trasporto della massicciata 专用运道砟车
		macchina per la distribuzione e rettifica della massicciata 配砟整形机
		rincalzatrice ferroviaria 道砟捣固机
		macchina per la pulizia di massicciata 道砟清筛机
	macchina di costruzione e manutenzione per ferrovia elettrificata 电气化线路施工与养护设备	scavabuche per i pali della rete elettrica 接触网立柱挖坑机
		impianto posapalo per la rete elettrica 接触网立柱竖立设备
		carro di installazione della rete elettrica 接触网架线车

（续表）

Gruppo/组	Tipo/型	Prodotto/产品
macchine da cantiere per l’ingegneria idraulica 水利专用工程机械	macchine da cantiere per l’ingegneria idraulica 水利专用工程机械	macchine da cantiere per l’ingegneria idraulica 水利专用工程机械
macchine da miniera 矿山用工程机械	macchine da miniera 矿山用工程机械	macchine da miniera 矿山用工程机械
altre macchine da cantiere 其他工程机械		